Einführung in die thomistische Metaphysik IX

Die Natur Gottes (2)

Einführung in die thomistische Metaphysik IX

Die Natur Gottes (2)

Miguel Grosso

Originaltitel: *Introducción a la Metafísica Tomista IX
La naturaleza de Dios (2)*
Autor: Miguel Grosso (2020)

INHALTSVERZEICHNIS

EINLEITUNG

In der *Einführung in die thomistischen Metaphysik VIII* haben wir uns mit den **entitativen Attributen** der göttlichen Natur befasst. In diesem Band werden wir dies im Hinblick auf die **operativen Attribute** tun.

Die Komplexität des Themas erfordert vor dem Fortfahren eine kurze Überprüfung der bisher bekannten Prinzipien:

1-Wenn wir von der göttlichen Natur sprechen, beziehen wir uns auf die göttliche Essenz oder auch auf die göttliche Substanz. Göttliche Natur, Essenz und Substanz sind eins und dasselbe.

2-Die Essenz Gottes wird, wenn sie für sich betrachtet wird, **Deitas** genannt.

3-Die Deitas ist für uns völlig unerkennbar. Sie übersteigt unsere intellektuelle Kapazität. Wenn wir Gott metaphysisch kennen, erkennen wir niemals die Deitas, sondern etwas von seiner Essenz, dank der analogischen Methode.

4-Das metaphysische Element der göttlichen Essenz ist **Aseität** oder Sein durch sich selbst. Gott ist der einzigartige Grund für sein Sein. Er hat keine Ursache.

5-Die Essenz, die wir in Gott erreichen und studieren, ist diejenige, die in Geschöpfen reflektiert wird, nicht diejenige, die in Gott selbst ist. Analog steigen wir von Geschöpfen zu Gott auf; von Wirkungen zur Ersten Ursache.

6-Wir Geschöpfe sind analoge Wirkungen, keine univoken Wirkungen Gottes. Er hat Ähnlichkeit und Verschiedenheit mit Geschöpfen. Ähnlichkeit darin, dass er ein Agent ist, und jeder Agent tut etwas Ähnliches wie er selbst; Verschiedenheit darin, dass die Vollkommenheiten Gottes nicht in gleicher Weise und aus denselben

Gründen auf Geschöpfe übertragen werden.

7-Die Abhandlung über die göttliche Natur folgt der Abhandlung über das Existenz. Die beiden sind in der thomistischen Metaphysik eng miteinander verbunden. Um über die göttliche Natur nachzudenken, beginnen wir mit sehr konkreten und unbestreitbaren Aussagen. Diese haben wir als Schlussfolgerungen jeder der Fünf Wege erhalten.

8-Um die göttliche Natur zu kennen, ist es notwendig, die *Via remotionis* oder *Via negationis* zu verwenden. Aber die Untersuchung beginnt mit den Bejahungen, die die Fünf Wege abschließen. Nämlich: Gott ist der Erste Unbewegte Beweger - Gott ist die Erste Unverursachte Ursache - Gott ist das Einzige notwendige Sein - Gott ist das Sein in höchstem Maße der Vollkommenheit - Gott ist der Höchste Herrscher des Universums.

9-Der Versuch, die göttliche Natur zu erforschen und darüber nachzudenken, erlaubt es uns zu behaupten, dass wir viel mehr darüber ignorieren, als wir wissen.

10-Alle Vollkommenheiten der Geschöpfe sind in Gott in eminentem Maße vorhanden.

11-Gott ist reiner Akt, weil er nicht in Potenz zu irgendeiner Vollkommenheit ist.

12-*Aus der Tatsache, dass Gott per se existiert, kann mit Sicherheit geschlossen werden, dass er bestimmte Vollkommenheiten, sogenannte Attribute, besitzt.*[1]

13-Die Attribute sind entitativ und operativ. Die entitativen betreffen direkt das Sein Gottes. Die operativen drücken die göttliche Aktivität aus.

14-Die Unterscheidung zwischen den Attributen ist formal, nicht real.

15-Genau genommen unterscheiden wir zwischen Natur und Attributen für unser Wissen. Aber in Wirklichkeit gibt es keinen Unterschied. Die göttliche Natur oder Essenz ist reines Sein. Ihre Essenz und Existenz sind ihr Sein. Ihre entitativen Attribute sind ihre Essenz, und ihre Operationen oder Aktivitäten sind ebenfalls ihre Essenz. Daher gibt es kein Sein einfacher als Gott. Das Problem ist, dass diese Einfachheit in Ihm ist. Es ist nicht für uns. Wir denken, dass die Tatsache seiner Unendlichkeit und unserer Endlichkeit es unmöglich macht, sie an sich zu erfassen.

16-Deshalb wiederholt der heilige Thomas nachdrücklich, dass das, was wir nicht über Gott wissen, mehr ist als das, was wir wissen.

17-Die Attribute Gottes sind die folgenden: Ewigkeit, Einfachheit, absolute Immaterialität, Vollkommenheit, Unendlichkeit, Unveränderlichkeit, Einzigartigkeit, Unendlichkeit, Güte und Wahrheit. Aber lassen Sie uns wiederholen: Jedes dieser Attribute ist seine Essenz. Gott ist nicht gut und besitzt nicht die Güte. Gott ist Güte. Gott ist nicht unendlich und besitzt nicht die Unendlichkeit. Gott ist Unendlichkeit. Gott ist nicht immens, noch besitzt Er Immensität. Gott ist Immensität. Daher muss die Verwendung unserer Sprache in dieser Angelegenheit immer darauf bedacht sein, die Spezifität der göttlichen Natur sicher zu lassen.

18-Die operativen Attribute sind mit der göttlichen Wissenschaft (intellektuellen Operationen) und dem göttlichen Leben (Operationen im Zusammenhang mit seinem Verständnis) verbunden.

19-Wenn wir es gut analysieren, werden wir schnell die enge Beziehung zwischen den operativen Attributen feststellen. Und ich würde sogar wagen zu sagen, die Verwirrung oder Überlappung, die zwischen einigen von ihnen bestehen kann. Das ist vollkommen verständlich. Wir sprechen immer über dasselbe: eine göttliche Natur, die nur Sein ist. Die weder hat noch besitzt, sondern nur ist.

Das Attribut begann damit, innerhalb der metaphysischen Ordnung allgemein als die für die Essenz der Sache notwendige Eigenschaft definiert zu werden und schien folglich eine Gleichung zwischen Essenz und Attributen herzustellen. In Wahrheit geschah es so, dass es in geschaffenen Dingen tatsächlich eine reale Unterscheidung zwischen Essenz und Attributen gab. Aber in der göttlichen Realität gab es keine solche reale Unterscheidung zwischen Attributen und Essenz, noch zwischen Attributen untereinander. Die Unterscheidung war eine "distinctio rationis," und sogar, wie der heilige Thomas betont, eine "distinctio rationis ratiotinatae".[2]

Speziell: Gott hat keine Operationen, denn wenn Er dies täte, würde Er sich bewegen, und Er ist unveränderlich. Wir sprechen über Operationen, um zu verstehen und voranzukommen. **Gott ist seine Operationen**. Etwas, das unseren Verstand in Staunen versetzt. Er glaubt zu verstehen, was ihm sofort entgleitet. Vielleicht können wir alle Operationen so zusammenfassen, dass sie aus Seiner Wissenschaft, Seiner Intelligenz und Seinem Willen abgeleitet sind. Aber so oder so sind dies nichts als Klassifikationen. Die Realität übertrifft sie bei weitem. Und die Realität ist Gott in seiner einfachsten Essenz, die die Realität der uns bekannten Seienden *ad infinitum* übertrifft.

Alle diese Vollkommenheiten finden sich sicherlich in Gott; aber nachdem dies festgestellt wurde, müssen wir zugeben, dass es jenseits unserer Vorstellungskraft liegt zu wissen, wie. Wir können nur sagen, dass es auf eine Weise, die analog zu dem ist, was wir in geschaffenen Sein entdecken, mit der Negation aller Mängel und auf eminente perfekte Weise identifiziert mit der göttlichen Essenz, die der reine Akt der Existenz ist. Die menschliche Erkenntnis endet ihre lange Suche nach der Wahrheit mit einem Akt der Demut angesichts der unfassbaren Größe Gottes.[3]

1. DIE WISSENSCHAFT GOTTES

Gott ist mit Wissen ausgestattet. In Ihm gibt es Wissen. Und es gibt vollkommenes Wissen.

Der Mensch hat verschiedene Arten von Wissen, je nach Vielfalt dessen, was bekannt ist. Daher sagen wir, dass

> 1-Wenn er die Prinzipien kennt, hat er Intelligenz
> 2-Wenn er die Schlussfolgerungen kennt, hat er Wissenschaft
> 3-Wenn er die erhabene Ursache kennt, hat er Weisheit
> 4.Wenn er das praktische Leben kennt, hat er Rat oder Klugheit

Gott ist das einfachste Sein. Er hat all diese Vollkommenheiten zusammen in einem göttlichen Wissen. Sein Wissen kann als intelligent, weise, klug usw. bezeichnet werden, unter der Bedingung, dass solche Bezeichnungen von allem befreit sind, was Unvollkommenheit impliziert, und nur das behalten wird, was Vollkommenheit impliziert. Was also vielfältig, verschieden und unvollkommen in der menschlichen Kreatur ist, ist einfach, einzigartig und vollkommen in Gott.4

In Gott ist die Wissenschaft keine Qualität oder Gewohnheit, wie es beim Menschen der Fall ist. Es ist Wesen und reiner Akt. Göttliche Wissenschaft ist das göttliche Wissen und Verstehen, das das begrenzte menschliche Wissen und Verstehen unendlich übertrifft.

Ein Seiende weiß mehr, je weiter es von der Materie entfernt ist. Letztere wird es darauf beschränken, nur materielle Formen zu empfangen. Dies ist bei Tieren der Fall. Ihre Seele ist empfindend. Sie kann nur das erkennen, was sinnlich ist. Anders ist es beim Menschen. Seine Seele ist immateriell. Sie kann in die Essenz der Dinge eindringen. Aber da der Mensch aus Materie (Körper) gemacht ist und die Seele ihre Form ist, ist seine Seele nur durch die Materie auf die Wesenheiten materieller Entitäten beschränkt. Engel wissen mehr als der Mensch. Da sie nur Formen sind, können sie das rein Immaterielle durchdringen, obwohl sie die unendliche Essenz Gottes nicht kennen, weil sie endlich sind. Schließlich hat die höchste Immaterialität, Gott, den höchsten Grad an Wissen, weil Er absolut immateriell und unendlich ist. Niemand kann solche Tiefe erreichen.5

Gott kennt sich selbst durch sich selbst. Bei der menschlichen Kreatur ist der Verstand im Akt und das Objekt des Verstandes ist in Potenz. Eine Sache ist die Substanz des Verstandes (im Akt) und eine andere Sache ist ihr Objekt (intelligible Spezies, in Potenz verstanden zu werden).

Aber bei Gott ist es nicht so. Denn in Gott gibt es überhaupt keine Potenzialität. Daher ist es notwendig, dass bei Ihm sowohl das Verstehen als auch das Verstandene oder das Erkannte dasselbe ist: Ihm fehlt nichts an intelligibler Spezies, wie es unserem Verstand passiert, wenn er in Potenz ist. Noch unterscheidet sich die intelligible Spezies nicht von der Substanz des göttlichen Verstandes, wie es unserem Verstand passiert, wenn er im Akt ist. Kurz gesagt, dieselbe intelligible Spezies ist derselbe göttliche Verstand. So kennt Gott sich selbst durch sich selbst.6

Gott versteht sich selbst perfekt. Diese Aussage ist wie folgt zu verstehen: Gott kennt sich selbst so perfekt, wie Er gekannt werden kann. Oder anders ausgedrückt: Gott ignoriert nichts von dem, was Er ist.

Alles ist für uns nach seiner Art des Seins erkennbar. Etwas wird nicht so erkannt, wie es in Potenz ist, sondern in Akt. Also dann: Gott ist reiner Akt. Seine Fähigkeit zu wissen ist so groß wie Seine Wirklichkeit existiert. Weil Er Akt ist und weil Er von aller Materie und Potenz getrennt ist, kann Gott sich selbst so perfekt erkennen, wie Er erkannt werden kann.7

Wenn gesagt wird, dass Gott weiß, wird Seiner Essenz nichts hinzugefügt. In Gott sind Sein Verstand, das Erkannte, die intelligible Spezies und das Verständnis selbst völlig dasselbe.

Es ist nicht so, dass Gott Dinge kennt, weil sie existieren oder existieren werden, sondern weil Er sie kennt und will, dass sie existieren, existieren sie und werden sie existieren.[8]

Die Dinge bestimmen nicht Gottes Wissen. Daher kennt Er sie nicht an sich. Sie könnten Ihn niemals dazu bringen, sie zu kennen, weil Er unveränderlich ist. Außerdem zu sagen, das ist zu sagen, dass sie als Ursache von Gottes Wissen wirken. Und Er ist unverursacht. Es ist Gott, der sie bestimmt. Gott kennt eine Sache als eine der vielen Teilnahmen an Seinem unendlichen Sein. Als das Ergebnis von Ihm, der die Erste Ursache ist. Er kennt alles in sich selbst und durch sich selbst.

Gott weiß, was von Ihm verschieden ist.

Gott weiß notwendigerweise Dinge, die nicht Er selbst sind. Denn es ist offensichtlich, dass Er sich selbst vollkommen versteht; sonst wäre Sein Existenz nicht vollkommen, da Sein Existenz Sein Akt des Verstehens ist. Nun, wenn etwas vollkommen bekannt ist, folgt zwangsläufig, dass seine Kraft vollkommen bekannt ist. Aber die Kraft von etwas kann nur perfekt bekannt sein, indem man weiß, auf was sich ihre Kraft erstreckt. Da daher die göttliche Kraft sich durch die Tatsache erstreckt, dass sie die erste wirkende Ursache aller Dinge ist, wie bereits klar ist (vgl. q.2 a.3), muss Gott notwendigerweise Dinge kennen, die nicht Er selbst sind.[9]

Die Dinge, die von Ihm verschieden sind, kennt Er nicht an sich, sondern in Sich selbst, insofern Seine Essenz das Bild dessen enthält, was nicht Er selbst ist. Als die Erste Ursache sind alle Wirkungen in Ihm als in ihrer Ersten Ursache vorherbestehend. Und wenn sie in Ihm sind, sind sie in Seinem Verstehen auf eine verständliche Weise, weil Gott und Sein Verstehen wesentlich dasselbe sind. Daher kennt Gott die Essenz der Dinge in sich selbst.

Gott kann alles, was nicht Er selbst ist, vollkommen kennen. Er kennt es allgemein und spezifisch. Da Er in sich selbst alle Vollkommenheiten hat, die in Entitäten sein können, und viele mehr, kann Er alles in sich selbst durch eigenes Wissen kennen.

Denn es wurde oben gezeigt (q.4, a.2), dass jede Vollkommenheit, die in irgendeiner Kreatur existiert, auf vorzügliche Weise in Gott vorher existiert und enthalten ist.[10]

So kennt Gott, indem Er sich selbst kennt, notwendigerweise alle Modi, nach denen Er teilbar ist, und folglich alle Sein.[11]

Gott kennt ohne Diskurs. Sein Wissen ist weder ratiokinativ noch diskursiv.

Auch alle ratiokinative Erkenntnis enthält eine gewisse Potenz und einen gewissen Akt, denn Schlussfolgerungen sind in Prinzipien potenziell. Aber im göttlichen Verstand hat die Potenz keinen Platz, wie bereits oben bewiesen wurde. Der Verstand Gottes ist daher nicht diskursiv.[12]

Geschöpfe wissen durch einen doppelten Prozess. So:[13]

1-Wir wissen durch Sukzession. Wenn wir etwas wissen, gehen wir dazu über, etwas anderes zu wissen.

2-Wir wissen durch Kausalität. Durch Prinzipien kommen wir zu Schlussfolgerungen.

Der erste diskursive Prozess kann Gott nicht entsprechen. Denn Er weiß alles in einem: sich selbst. Außerdem weiß Er alles auf einmal, nicht sukzessive. Er ist ewig, Er ist außerhalb der Zeit.

Darüber hinaus kann Sukzession ohne Zeit nicht verstanden werden, und auch Zeit ohne Bewegung nicht, da Zeit "die Zahl der Bewegung gemäß vorher und nachher" ist. Aber es kann keine Bewegung in Gott geben, wie aus dem Folgenden hervorgeht. Es gibt daher keine Sukzession in der göttlichen Betrachtung. So betrachtet Gott alles, was Er weiß, zusammen.[14]

Auch der zweite diskursive Prozess kann Ihm nicht entsprechen. Denn Gott kennt in sich selbst alle Effekte, von denen Er die Erste Ursache ist. Es ergibt keinen Sinn für Ihn, von Prinzipien zu Schlussfolgerungen zu gehen. Er kennt bereits die Schlussfolgerungen, bevor er über die Prinzipien diskutiert. Das Gegenteil zu behaupten würde Ihm eine gewisse Unwissenheit zuschreiben, was unmöglich ist.

Denn der göttliche Verstand kennt alle Dinge, indem er seine eigene Essenz kennt. Nun kennt er seine eigene Essenz nicht durch Komposition und Teilung, da er sich so kennt, wie er ist und keine Zusammensetzung in ihm ist. Daher weiß er nicht in der Weise eines zusammensetzenden und teilenden Verstandes.[15]

Gott weiß alles.

Alles, was daher von der Kreatur gemacht, gedacht oder gesagt werden kann, ebenso wie alles, was Er selbst tun kann, ist Gott bekannt, obwohl es nicht wirklich ist. Und soweit kann gesagt werden, dass Er auch Wissen von Dingen hat, die nicht sind.[16]

Gott weiß auch um das Böse, obwohl es ihm absolut fremd ist und er nicht die Ursache dafür sein kann. Er kennt das Böse durch das Gute, von dem das Böse seine Entbehrung ist. Und er kennt es, so wie Dunkelheit durch Licht bekannt ist. Er würde das Gute nicht vollkommen kennen, wenn er nicht das kennen würde, was es verderben kann.[17]

Wiederum, genauso wie Gottes Sein vorrangig ist und aus diesem Grund die Ursache allen Seins ist, so ist auch sein Verstehen vorrangig und aufgrund dessen die Ursache aller intellektuellen Operation. Daher kennt Gott, indem er sein Sein kennt, das Sein eines jeden Dinges, genauso wie er durch das Kennen seines Verstehens und Wollens jeden Gedanken und Willen kennt.[18]

Gott kennt mögliche Entitäten.

Diese göttliche Erkenntnis wird als **Wissenschaft der einfachen Intelligenz** bezeichnet, weil sie keinen Willensakt oder die Existenz ihres Objekts erfordert. Er kennt mögliche Entitäten so wie der Künstler, der ein Werk konzipiert hat, die verschiedenen Arten kennt, wie er es in der außermenschlichen Realität konkretisieren wird.

Aber es gibt andere Dinge in Gottes Macht oder der Kreatur, die dennoch nicht sind, noch sein werden, noch waren; und in Bezug auf diese wird gesagt, dass er Wissen hat, nicht der Vision, sondern der einfachen Intelligenz. Dies wird so genannt, weil die Dinge, die wir um uns herum sehen, außerhalb des Sehers eine unterschiedliche Existenz haben.[19]

Die göttliche Erkenntnis dessen, was ist, war oder sein wird, wird als **Wissenschaft der Vision** bezeichnet, weil sie, wie die Vision, auf ein Objekt fällt, das nicht nur möglich, sondern auch existent ist.

Alles Gesagte erlaubt es uns zu behaupten, dass **Gott intelligent ist**.

Ein Objekt ist intelligibel, soweit es von Materie abstrahiert ist. Ein Subjekt ist intelligent, soweit es über der Materie erhaben ist und in der Lage ist, die materiellen Formen anderer Entitäten immateriell zu empfangen. Die Kenntnis nimmt in ihrer Vollkommenheit zu, je mehr die Spiritualität des Subjekts zunimmt. Und wenn wir zu Gott kommen, befreit von aller Materie und von jeder Essenz, die die Vollkommenheit begrenzt, haben wir den reinen Akt in der intellektuellen Ordnung und der ontologischen Ordnung. In diesem reinen Akt sind Subjekt, Verstehen, Objekt, verständliche Spezies und der Akt des Verstehens dieselbe Realität.[20]

Gott, der der reine Akt ist, ist daher unendlich fern von Materie: Daher muss gesagt werden, dass er in höchstem Maße verständlich ist, soweit wir ihn Natur nennen, und intelligent, soweit wir ihn Subjekt nennen.[21]

In der *Summa contra Gentiles* Buch I, Kapitel 44, argumentiert der hl. Thomas, warum Gott intelligent ist. Wir beginnen mit einem Satz, der uns erlauben wird, den gesamten Text zu verstehen, und der sich an einem Punkt seiner Entwicklung einschleicht:

Wieder einmal ist etwas intelligent, weil es ohne Materie ist. Ein Zeichen dafür ist die Tatsache, dass Formen durch Abstraktion von Materie im Akt verständlich gemacht werden. Und so beschäftigt sich der Intellekt mit Universalien und nicht mit Singularitäten, denn Materie ist das Prinzip der Individualisierung.[22]

1-Wir haben im Ersten Weg gesehen, dass Gott, der der Erste unbewegte Beweger ist, mit Blick auf alle Entitäten für denjenigen, der begehrt, wünschenswert ist. Aber nicht als das Begehrte im Hinblick auf den sensiblen Appetit. Letzterer, soweit der sensible Appetit nicht auf das universale Gut gerichtet ist, sondern auf das besondere Gut. Die sinnliche Vorstellung ist besonders, und das Gute und Begehrenswerte sind universell. Daher wird der Erste Beweger zwangsläufig wünschenswert sein, soweit er verstanden wird. Und folglich wird der Begehrende, der sich ihm als einem verständlichen Objekt nähert, in dem Maße intelligent. Daher ist Gott intelligent.

2-*Außerdem ist es in keiner Rangordnung von Bewegern der Fall, dass ein intellektueller Beweger das Instrument eines Bewegers ohne Intellekt ist. Im Gegenteil, das Gegenteil ist wahr. Aber alle Beweger in der Welt stehen in Beziehung zum Ersten Beweger, Gott, wie Instrumente zu einem Hauptagenten stehen. Daher, da es viele Beweger in der Welt gibt, die mit Intelligenz ausgestattet sind, ist es unmöglich, dass der Erste Beweger ohne Intellekt bewegt. Daher muss Gott intelligent sein.*[23]

3-Die verständlichen Formen tun nur eine Sache mit dem Verständnis, das sie erfasst. Daher, wenn sie intelligible Formen sind, weil sie immateriell sind, wird ein Seiende notwendigerweise intelligent sein, weil es immateriell ist. Nun wurde klargestellt, dass Gott völlig immateriell ist. Daher ist er intelligent.

4-Gott mangelt an keiner der Vollkommenheiten, die wir in Entitäten finden. Unter diesen Vollkommenheiten ist die beste die Intellektualität. Durch sie ist eine Entität gewissermaßen alle Dinge. Das heißt, sie kann die Essenz anderer Entitäten durchdringen und erfassen. Das heißt, sie kann sie kennen und gewissermaßen eins mit ihnen werden. Erinnern wir uns an das, was Aristoteles sagte: *Die Seele ist gewissermaßen alle Dinge.* Das heißt, durch den Intellekt kann sie die Wesen erkennen und deren ormen in ihre eigenen aufnehmen. Daher ist Gott intelligent.

5-Gemäß dem Fünften Weg ist Gott der höchste Ordner aller Entitäten, die er in ihrem speziellen Ende bestimmt und zum Gesamtende des Universums führt. Aber er könnte der Natur kein Ende vorschreiben ohne Intelligenz. Daher ist Gott intelligent.

In der *Summa contra Gentiles* Buch I, Kapitel 45, argumentiert der hl. Thomas, *Dass Gottes Akt des Verstehens seine Essenz ist*:

1-Eine Entität wird durch das Verstehen nicht verändert, sondern das intelligente Subjekt wird vervollkommnet. Aber alles, was in Gott ist, ist die göttliche Essenz. Daher ist das Verstehen, Wissen oder die Intelligibilität Gottes die göttliche Essenz.

2-Der Akt des Verstehens steht zum Intellekt wie das Sein *(esse)* zur Essenz *(essentia)*, aber da alles in Gott seine Essenz ist, ist das göttliche Verstehen sein eigener Intellekt. Daher ist das göttliche Verstehen seine eigene Essenz.

3-Die Wissenschaft oder das göttliche Verstehen ist seine eigene Essenz, weil ihm keine Vollkommenheit durch Teilnahme, sondern durch Wesen zukommt. Wenn sein Verstehen nicht seine eigene Essenz wäre, wäre es etwas Edleres und Vollkommeneres als es selbst, und daher wäre seine Essenz nicht in höchstem Maße der Vollkommenheit und Güte. Es wäre nicht das vollkommenste erste Sein. Und das ist unmöglich. Daher ist das göttliche Verstehen seine eigene Essenz.

4-*Darüber hinaus ist das Verstehen der Akt des Verstehenden. Wenn daher Gott im Verstehen nicht sein Verstehen ist, muss Gott zu ihm in Beziehung stehen wie Potenz zu Akt. Es wird also Potenz und Akt in Gott geben, was, wie wir oben gezeigt haben, unmöglich ist.*24

5-Der göttliche Intellekt ist das göttliche Sein selbst. Daher ist sein Verstehen so, wie Gott ist: einfach, ewig und unveränderlich, und existiert nur in Akt. Daher ist es nicht intelligent in Potenz, noch versteht es jetzt irgendetwas, was es nicht wusste, noch erfährt es in seinem Verstehen irgendeine Veränderung oder Zusammensetzung. Daher ist das göttliche Verstehen seine eigene Essenz.

In *Summa contra Gentiles* Buch I, Kapitel 46, argumentiert der hl. Thomas, *Dass Gott durch nichts anderes versteht als durch seine Wesenheit.* Bevor wir beginnen und für ein besseres Verständnis, lassen Sie uns dieses Prinzip klären: Die intelligible Spezies wird hier das genannt, durch das der Intellekt versteht. Die intelligible Spezies **ist nicht** das, was im Akt verstanden wird.

1-Die intelligible Spezies ist das formale Prinzip der intellektuellen Operation. Wir wissen bereits, dass die göttliche intellektuelle Operation ihre eigene Essenz ist. Wenn das göttliche Verstehen durch eine intelligible Spezies verstehen würde, die nicht seine eigene Essenz ist, gäbe es Zusammensetzung in Gott. Das ist unmöglich. Daher versteht Gott nur durch Seine Essenz.

2-Durch die intelligible Spezies erkennt der Intellekt. Daher steht die intelligible Spezies zum Intellekt wie der Akt zur Potenz. Wenn daher das göttliche Verstehen durch eine intelligible Spezies verstehen würde, die nicht sie selbst ist, wäre es in Potenz zu etwas. Das ist unmöglich. Daher versteht Gott nur durch Seine Essenz.

3-In uns, den intelligenten Seiende, ist die intelligible Spezies ein Akzidens im Verhältnis zur Substanz Intellekt. Aber in Gott gibt es keine

Akzidenzien, weil Er einfach ist. Daher gibt es in Seinem Intellekt keine intelligible Spezies, die sich von der göttlichen Essenz selbst unterscheidet. Daher versteht Gott nur durch Seine Essenz.

4-*Ferner ist das göttliche Verstehen, wie wir gezeigt haben, Seine Essenz. Wenn also Gott durch eine Spezies verstehen würde, die nicht Seine Essenz ist, wäre es durch etwas anderes als Seine Essenz. Das ist unmöglich. Daher versteht Gott nicht durch eine Spezies, die nicht Seine Essenz ist.*[25]

In *Summa contra Gentiles* Buch I, Kapitel 47, argumentiert der hl. Thomas, *Dass Gott sich selbst vollkommen versteht.*

Bevor wir beginnen und um besser zu verstehen, klären wir dieses Prinzip: Der Intellekt erfasst das verstandene Objekt durch die verständliche Spezies. In diesem Sinne erfordert die Vollkommenheit dieser intellektuellen Operation:

a-Dass die intelligible Spezies mit dem verstandenen Objekt vollständig übereinstimmt.

b-Dass sie mit dem Intellekt vereint ist. Dies wird umso besser erreicht, je effektiver das Verstehen ist.

1-Die göttliche Essenz, die die intelligible Spezies ist, durch die das göttliche Verstehen weiß, ist eng mit Gott selbst und auch mit dem göttlichen Intellekt identifiziert. Daher versteht Gott sich selbst am vollkommensten.

2-Eine körperliche Entität wird intelligibel, indem sie von Materie und ihren Qualitäten getrennt wird. Je mehr wir sie von Materie abstrahieren können, desto verständlicher wird sie für unseren Intellekt. Daher ist die Entität, die von Natur aus von aller Materie und allen materiellen Eigenschaften getrennt existiert, aufgrund ihrer Natur intelligibel. Dies ist bei den Engeln der Fall. Nun wird jede Entität erkannt, insofern sie eins wird mit dem Subjekt, das erkennt. Das heißt, in dem Maße, in dem die intelligible Spezies unseres Intellekts sie erfassen kann und folglich verstehen und intelligibel machen kann. Nun wurde bewiesen, dass Gott intelligent ist. Daher, da Er absolut körperlos und reine Form ist, kennt Er sich selbst in aller Vollkommenheit.

3-Wir wissen, dass unser Verstehen im Akt und das Objekt unseres Verstehens eins werden: Wir erfassen die Sache und machen sie intelligibel, indem wir sie in unseren Intellekt aufnehmen. Nun ist das göttliche Verstehen immer im Akt. Darüber hinaus ist die göttliche Essenz als absolut körperlos von sich aus vollkommen intelligibel, wie wir in 1. gesagt haben. Daher, da das göttliche Verstehen und die göttliche Essenz dasselbe sind, ist offensichtlich, dass Gott sich selbst vollkommen versteht, denn Er ist sein eigenes Verstehen und seine eigene Essenz.

4-*Außerdem wird das, was auf intelligible Weise in etwas ist, von ihm verstanden. Die göttliche Essenz ist auf intelligible Weise in Gott, denn das natürliche Sein Gottes und sein intelligibles Sein sind ein und dasselbe, da sein Sein sein Verstehen ist. Daher versteht Gott seine Essenz und folglich sich selbst, da er seine Essenz ist.*26

5-Objekte unterscheiden die Operationen des Verstehens. Je perfekter das Objekt des Verstehens ist, desto vollkommener ist die Operation des Verstehens. Nun ist das vollkommenste Objekt des Verstehens die göttliche Essenz. Und die Operation des göttlichen Verstehens ist die vollkommenste von allen, weil sie die göttliche Essenz selbst ist. Daher kennt Gott sich selbst perfekt.

In *Summa contra Gentiles* Buch I, Kapitel 48, argumentiert der hl. Thomas, *Dass Gott in erster Linie und wesentlich nur sich selbst kennt*:

1-Unser Intellekt kennt nur sein primäres und eigenes Objekt. Die intellektuelle Operation, durch die es sein Objekt erfasst, steht im Verhältnis zur intelligiblen Spezies: Es kann das, was es nicht fassen kann, nicht erfassen. Aber in Gott ist das, durch das er versteht, nichts anderes als seine eigene Essenz. Daher kennt er sich in erster Linie und als sein eigenes Objekt.

2-Die Operationen des Intellekts unterscheiden sich voneinander durch ihre Objekte. Wenn das Hauptobjekt des göttlichen Intellekts Gott selbst und irgendein Sein neben ihm wäre, würde der göttliche Intellekt mehrere intellektuelle Operationen haben. In diesem Fall ist entweder seine Essenz in mehrere Teile geteilt oder er hat eine intellektuelle Operation, die nicht seine eigene Essenz ist. Dies ist unmöglich. Daher wird nichts von Gott in erster Linie und richtig erkannt, wenn es nicht seine Essenz ist.

3-Der Intellekt ist, soweit er von seinem verstandenen Objekt unterschieden ist, mit ihm in Potenz. Wenn Gott also in erster Linie und richtig ein von ihm unterschiedenes Sein kennt, würde folgen, dass Gott mit Bezug auf dieses andere Sein in Potenz ist. Aber das ist unmöglich. Daher wird nichts von Gott in erster Linie und richtig erkannt, es sei denn, es ist seine Essenz.

4-Das Verstandene ist die Vollkommenheit des Subjekts, das versteht. Der Intellekt wird durch den Akt des Verstehens vervollkommnet, und in dem Maße, in dem er wirklich versteht, wird er eins mit der Sache, die er kennt. Wenn Gott also in erster Linie etwas anderes als sich selbst wissen würde, würde er eine Vollkommenheit von einem anderen empfangen, der edler wäre als er selbst. Dies ist unmöglich. Daher wird nichts von Gott in erster Linie und richtig erkannt, es sei denn, es ist seine Essenz.

5-Unser Wissen besteht aus vielen bekannten Objekten. Wenn die von Gott gekannten Objekte viele wären, würden wir schließen, dass die Wissenschaft Gottes aus vielen Elementen als Haupt- und richtig zusammengesetzt ist. In einem solchen Fall wäre es möglich zu behaupten, dass die göttliche Essenz zusammengesetzt ist oder dass die göttliche Wissenschaft für Gott selbst akzidentell ist. Aber keine dieser Annahmen ist möglich. Daher bleibt festzuhalten, dass das, was von Gott in erster Linie und richtig verstanden wird, nichts anderes ist als seine eigene

Substanz. Daher wird nichts von Gott in erster Linie und richtig erkannt, es sei denn, es ist seine Essenz.

6-Die intellektuelle Operation wird durch ihr Objekt bestimmt und veredelt. Wenn Gott also ein Sein neben sich selbst kennen würde, würde seine intellektuelle Operation die Bestimmung und Edelheit dieses anderen Seins haben. Daher wird nichts von Gott in erster Linie und richtig erkannt, es sei denn, es ist seine Essenz.

In *Summa contra Gentiles* Buch I, Kapitel 49, argumentiert der hl. Thomas, dass *Gott Dinge außerhalb von sich versteht*. Tatsächlich kennt Gott sich selbst zuallererst; und er sieht andere Sein in seiner eigenen Essenz.

1-Durch das Wissen seiner Ursache wird ausreichendes Wissen über die Wirkung erlangt. Daher wiederholen wir mit Aristoteles, dass wir eine Sache kennen, wenn wir ihre Ursache kennen. Gott ist aufgrund seiner eigenen Essenz die Ursache für die Existenz anderer Sein (2. Weg und 3. Weg). Daher ist es notwendig zuzugeben, dass er die anderen Sein, die seine Wirkung sind, kennt, indem er seine eigene Essenz vollständig kennt, die die Ursache dieser Sein ist.

2-Das Ähnlichsein jeder Wirkung mit ihrer Ursache besteht in gewisser Weise vorher in ihrer eigenen Ursache. Denn jedes Sein produziert etwas Ähnliches wie sich selbst. Alles, was in einem Sein ist, geschieht nach der Art dessen, in dem es ist. Wenn Gott also die Ursache von Sein ist, ist das Ähnliche von dem, was von ihm verursacht wird, in gewisser Weise in ihm verständlich. Jetzt wird das, was in einem verständlich ist, von ihm verstanden. So kennt Gott also andere Sein in sich selbst. Daher kennt Gott außer sich selbst andere Sein.

3-Wer eine Sache perfekt kennt, kennt auch alles, was zu ihr gehört. Nun ist es für Gott entsprechend seiner Natur angemessen, die Ursache anderer Sein zu sein. Daher kennt er sich selbst als Ursache, indem er sich perfekt kennt. Und das ist unmöglich, wenn er nicht auf irgendeine Weise das von ihm verschiedene Wirken kennt, denn nichts ist Ursache seiner selbst. Daher kennt Gott Sein, die von ihm verschieden sind.

In *Summa contra Gentiles* Buch I, Kapitel 50, argumentiert der hl. Thomas, dass *Gott eine eigene Kenntnis aller Dinge hat*: (...) *Gott kennt alle anderen Dinge, wie sie voneinander und von ihm selbst unterschieden sind. Dies ist, die Dinge nach ihren eigenen Naturen zu kennen.* Und das bedeutet, die Sache in ihrem eigenen konstitutiven Sein zu kennen. Auf diese Weise widersetzt er sich denen, die behaupten, Gott kenne nur Entitäten nur in universeller Weise.

1-Wir wissen bereits, dass nichts existieren kann, das nicht von Gott verursacht wird. Und wenn die Ursache bekannt ist, ist auch ihre Wirkung bekannt. Daher kann alles, was in der Realität existiert, und alle anderen Zwischenursachen, die zwischen Gott und den Dingen existieren, durch das Wissen von Gott bekannt sein. Wir wissen, dass Gott sich selbst perfekt kennt. Da er sich selbst kennt, kennt er das, was unmittelbar von ihm ausgeht, und da dies bekannt ist, kennt er auch das, was unmittelbar von ihm ausgeht, und so weiter von allen Zwischenursachen bis zur endgültigen Wirkung. Daher hat Gott sein eigenes Wissen von den Dingen, auch wenn sie voneinander verschieden sind.

2-Gott ist die Ursache der Geschöpfe durch seinen Intellekt, denn sein Sein ist sein Akt des Verstehens. Und Handeln folgt dem Sein. Und alles Sein wirkt, soweit es im Akt ist. Und Gott ist reiner Akt. Daher kennt Gott seine Wirkung angemessen als von den anderen unterschieden. Daher kennt Gott alle Dinge angemessen.

3-Was auf allgemeine Weise bekannt ist, wird nicht mit Perfektion gekannt. Auf diese Weise zu wissen, bedeutet, die letzten Vollkommenheiten der Dinge zu ignorieren, die ihr eigenes Sein vervollkommnen. Eine auf diese Weise bekannte Sache wird mehr in Potenz als im Akt bekannt. Aber Gott kennt nur perfekt, und er kann nichts in Potenz wissen. Daher kennt Gott alle Dinge perfekt.

4-Gott, der seine eigene Essenz kennt, kennt die Substanz oder Essenz jedes Sein im Allgemeinen. Da er perfekt weiß, kennt er auch die Akzidens dieser Substanz. Einer dieser Akzidens ist die Vielfalt, das heißt, die Vermehrung der Substanz in anderen Sein. Vielfalt oder Vielheit kann nicht verstanden werden, ohne eine Einheit von einer anderen zu unterscheiden. Daher kennt Gott die Substanz oder Essenz jedes Sein im Besonderen, soweit sie voneinander unterschieden sind.

5-Wer eine universelle Natur kennt, kennt auch perfekt den Vollkommenheitsmodus dieser Natur. Wer beispielsweise Weiß kennt, weiß, dass es mehr oder weniger fähig ist. Das heißt, er kennt die Grade des Seins. Gott, der sich selbst kennt, kennt nicht nur die universelle Natur des Seins, sondern kennt auch alle Grade des Seins im Besonderen aufgrund seiner Vollkommenheit. Daher kennt Gott alle Dinge angemessen.

6-Gott kennt alles durch seine schöpferische Kraft. Er kennt alles in sich; und er kennt es durch die Formen der Geschaffenen selbst, denn er ist das Prinzip des Geschaffenen. Daher hat Gott eine angemessene Kenntnis aller Dinge.

7-Die tierische Natur ist mit vielen teilbar. Die göttliche Natur ist nur analog mitteilbar. Tatsächlich besitzen Sein auf analoge Weise göttliche Vollkommenheiten. Daher kennt Gott, der perfekt kennt, alle Formen, in denen ein Sein seiner Essenz ähneln kann. Die Vielfalt der Formen resultiert aus den verschiedenen Arten, in denen Sein die göttliche Essenz nachahmen. Gott kennt Entitäten nach ihren eigenen Formen. Daher hat Gott eine angemessene Kenntnis aller Dinge.

8-Wir kennen die Entitäten, soweit sie sich in ihrer Vielheit voneinander unterscheiden. Wenn Gott die Entitäten nicht in ihrer Unterscheidung kennt, würde folgen, dass es ihm an perfektem Wissen mangelt, und es wäre lächerlich, dass die Entitäten (Effekte) mehr sind als er (Ursache). Daher hat Gott perfektes Wissen aller Dinge.

In *Summa contra Gentiles* Buch I, Kapitel 55, argumentiert der hl. Thomas, dass *Gott alle Dinge zusammen versteht*:

1-In Gott ist jede Bewegung (Erster Weg) und folglich jede zeitliche Abfolge unmöglich. Daher betrachtet Gott die Dinge nicht nacheinander, sondern alle auf einmal. Daher versteht Gott alle Dinge auf einmal.

2-Wir wissen bereits, dass Gottes Verständnis Sein eigenes Sein ist. Aber in Gottes Sein gibt es weder Vorher noch Nachher, sondern er ist alles auf einmal. Daher hat Gottes Betrachtung kein Vorher und Nachher. Deshalb versteht Gott alle Dinge auf einmal.

3-*Jeder Intellekt, der eine Sache nach der anderen versteht, ist zu einer Zeit potenziell verstehend und zu einer anderen Zeit aktual verstehend. Denn während er die erste Sache aktual versteht, versteht er die zweite Sache potenziell. Aber der göttliche Intellekt ist niemals potenziell, sondern immer aktual verstehend.* Daher versteht Gott alle Dinge gleichzeitig.

In *Summa contra Gentiles* Buch I, Kapitel 56, argumentiert der hl. Thomas, dass *Gottes Wissen nicht gewohnheitsmäßig ist*:

1-Gewohnheit ist eine gewisse Qualität. Aber Gott kann weder Qualität noch Akzidens empfangen. Daher gehört gewohnheitsmäßiges Wissen nicht zu Gott.

2-Wer gewohnheitsmäßiges Wissen hat, weiß nicht alles auf einmal. Im Gegenteil, er weiß einige Dinge gegenwärtig und andere durch Gewohnheit. Aber Gott weiß alles auf einmal. Daher ist das Wissen Gottes nicht gewohnheitsmäßig.

3-Wer die Gewohnheit des Wissens hat und nicht im Akt des Wissens ist, das heißt, die Operation des Verstehens nicht durchführt, hat die Potenz, diese Operation durchzuführen. Wir wissen, dass das göttliche Verständnis keineswegs in Potenz ist. Daher ist das Wissen Gottes nicht gewohnheitsmäßig.

4-Die Essenz eines jeden Intellekts, der etwas gewohnheitsmäßig weiß, unterscheidet sich von seiner intellektuellen Operation, durch die er versteht, was er gewohnheitsmäßig weiß. Der Intellekt, der etwas gewohnheitsmäßig weiß, kann seine Operation im Akt vermissen, aber er kann nicht seine Essenz vermissen. Nun ist in Gott seine Essenz seine Operation. Daher ist das Wissen Gottes nicht gewohnheitsmäßig.

In *Summa contra Gentiles* Buch I, Kapitel 57, argumentiert der hl. Thomas, dass *Gottes Wissen nicht diskursiv ist*:

1-Unser Wissen ist das Ergebnis des Denkens, und das wiederum das Ergebnis der aufeinander folgenden Überlegung von Argumenten. Gott betrachtet jedoch nichts nacheinander, denn er ist außerhalb der Zeit: Er ist ewig. Daher ist sein Wissen nicht ratiocinativ oder diskursiv.

2-Jeder, der vernünftig ist, betrachtet durch verschiedene Operationen die Prinzipien, von denen er ausgeht, und die Schlussfolgerungen, zu denen er gelangt. Aber wir wissen, dass Gott alle Dinge mit nur einer Operation kennt, nämlich seiner Essenz. Daher ist sein Wissen nicht ratiocinativ oder diskursiv.

3-*Wiederum enthält jedes vernünftige Wissen eine gewisse Potenz und einen gewissen Akt, denn Schlussfolgerungen sind in den Prinzipien potenziell enthalten. Aber im göttlichen Intellekt hat die Potenz keinen Platz, wie oben bewiesen wurde. Daher ist der Intellekt Gottes nicht diskursiv.*

4-In jedem Wissen gibt es notwendigerweise eine Ursache. Tatsächlich sind die Prinzipien, von denen unsere Überlegung ausgeht, gewissermaßen die effiziente Ursache der Schlussfolgerung, zu der wir gelangen werden. Aber im göttlichen Wissen kann nichts verursacht werden, denn Gott akzeptiert keine Ursache. Daher ist das Wissen Gottes nicht ratiocinativ oder diskursiv.

5-Was wir natürlich wissen, wie die Ersten Prinzipien, wissen wir ohne Vernunftschluss. Aber alles, was nicht natürlich oder wesentlich ist, erfordert die Anstrengung unseres Intellekts: Wir müssen vernünftig schlussfolgern, um zu Schlussfolgerungen zu gelangen. Aber bei Gott kann es kein Wissen geben, das nicht natürlich oder wesentlich ist, denn sein Wissen ist seine Essenz. Das Wissen Gottes ist daher nicht diskursiv.

6-Gott ist der Erste Unbewegte Beweger (Erster Weg). Nun ist das Vernunftschluss eine gewisse Bewegung des Intellekts, die von einem Objekt zum anderen geht. Zum Beispiel von Prinzipien zu Schlussfolgerungen. In Gott ist jede Bewegung unmöglich. Daher ist die Wissenschaft Gottes nicht ratiocinativ oder diskursiv.

7-Dann ist auch das Höchste in uns niedriger als das, was in Gott ist, denn das Niedrigere erreicht das Höhere nur in seinem eigenen höchsten Teil. Aber das Höchste in unserem Wissen ist nicht die Vernunft, sondern der Verstand, der der Ursprung der Vernunft ist. Gottes Wissen ist daher nicht schlussfolgernd, sondern ausschließlich intellektuell.

In der *Summa contra Gentiles* Buch I, Kapitel 58, argumentiert der heilige Thomas, dass *Gott nicht versteht, indem er zusammensetzt und teilt*, das heißt, das göttliche Verstehen kennt nicht auf die Art einer Verständnisweise, die synthetisiert und analysiert:

1-Gott weiß alles, indem er Seine eigene Essenz sieht. Indem er Seine Essenz kennt, weiß er alles, was existiert. Er kennt Seine eigene Essenz so, wie sie ist: einfach, ohne jede Zusammensetzung. Daher muss er Seine einfachste Essenz nicht zusammensetzen und teilen. Er weiß also nicht auf die Art einer Verstandesweise, die synthetisiert und analysiert.

2-Unser Verstand weiß, indem er zusammensetzt und teilt. Nur so kann er die Natur von Entitäten begreifen. Er muss jede Entität separat betrachten, darunter Substanzen und Akzidentien. Unser Verstand kann nicht alles in einem einzigen intuitiven Akt erfassen. Wenn Gott so wüsste wie wir, auf die Art eines Verständnisses, das zusammensetzt und teilt, würde er nicht alle Seiende in einem einzigen intuitiven Akt betrachten, sondern jedes einzeln. Und wir wissen, dass Gott alles auf einmal weiß. Daher weiß er nicht auf die Art eines Verständnisses, das synthetisiert und analysiert.

3-Außerdem kann es in Gott kein Davor und Danach geben. Aber Zusammensetzung und Teilung kommen nach der Betrachtung der Essenz, die ihr Prinzip ist. Daher können Zusammensetzung und Teilung nicht in der Operation des göttlichen Verstandes gefunden werden.

4-Der Verstand erkennt unterschiedliche Objekte mit unterschiedlichen Operationen. Zusammensetzung oder Teilung ist eine Operation des Verstehens oder eine intellektuelle Operation. Die Zusammensetzung des Verstehens geht nicht über die Konzepte derselben Zusammensetzung hinaus. Daher beurteilt unser Verstand nicht mit derselben Zusammensetzung, dass das Dreieck eine geometrische Figur und der Mensch ein Tier ist. Wenn Gott also Dinge durch Zusammensetzen und Teilen betrachten würde, würde folgen, dass Sein Verstehen nicht eins, sondern vielfältig ist. Es würde von aufeinander folgenden Operationen abhängen. Folglich wäre Seine Essenz nicht eins, sondern vielfach, da Seine intellektuelle Operation Seine Essenz ist. Und das ist unmöglich. Daher weiß er nicht auf die Art eines Verständnisses, das synthetisiert und analysiert.

5-Darüber hinaus existiert in einem Satz, der von einem zusammensetzenden und teilenden Verstand gebildet wurde, die Zusammensetzung selbst im Verstand, nicht in der Sache, die außerhalb der Seele ist. Wenn der göttliche Verstand Dinge auf die Art eines zusammensetzenden und teilenden Verstandes beurteilen würde, wäre der Verstand selbst zusammengesetzt. Dies ist unmöglich, wie aus dem Gesagten hervorgeht.

Zusammenfassung der obigen Prinzipien

Aus allem, was offenbart wurde, können wir einige grundlegende Prinzipien ableiten, die es uns ermöglichen, unser Wissen über die göttliche Natur zu stärken:

1-Wissenschaft, Verstehen, Wissen und Verstand bedeuten in Gott dasselbe.

2-Intellektuelle Operationen des Verstehens oder Wissens bedeuten dasselbe in Gott.

3-In Gott sind Sein Verstehen, das Erkannte, die verständliche Art und das Verstehen selbst vollständig dasselbe.

4-Gott weiß, aber durch das Wissen wird Seiner Essenz nichts hinzugefügt.

5-Gott weiß alles, auch mögliche Entitäten.

6-Gott kennt sich selbst perfekt.

7-Gott weiß alles, was von Ihm verschieden ist, in sich selbst.

8-Intelligenz oder Verstehen und seine Operationen in Gott sind Seine eigene Essenz.

9-Gott versteht nur durch Seine Essenz.

10-Gott kennt primär und richtig nur sich selbst.

11-Gott versteht alle Dinge auf einmal.

12-Gottes Wissen ist nicht gewohnheitsmäßig.

13-Gottes Wissen ist nicht schlussfolgernd oder diskursiv, obwohl Er alles Reden und Argumentieren kennt.

14-Gott versteht nicht durch Zusammensetzen und Teilen. Er weiß alles gleichzeitig.

2. DAS LEBEN GOTTES

Diejenigen Entitäten haben Leben, die sich von selbst bewegen oder handeln. Diejenigen, die sich nicht von Natur aus bewegen oder handeln können, können nur analog als lebendig bezeichnet werden.

Daher werden alle Dinge als lebendig bezeichnet, die sich selbst zu irgendeiner Art von Bewegung oder Handlung bestimmen, während solche Dinge, die dies aufgrund ihrer Natur nicht können, nur durch eine Ähnlichkeit als lebendig bezeichnet werden können.[27]

Lebendig ist das Sein, das sich mit einer autonomen Bewegung bewegt, unabhängig von der Art dieser Bewegung: Translation, qualitative Veränderung (Alteration), Zunahme (Augmentation), Abnahme (Diminution) usw. Im weiteren Sinne kann Handlung als eine bestimmte Art von Bewegung betrachtet werden. Es ist die Bewegung dessen, der Operationen durchführt, die nicht nach außen gerichtet sind, sondern innerhalb bleiben. Zum Beispiel: Verstehen, Fühlen usw.

In der *Summa Theologica* I, q.18 a.2 ad.1 und ad.2 lehrt der heilige Thomas diese beiden Konzepte:

1-**Die Gattungen lebender Wesen sind vier**. Nämlich:

1.1.Diejenigen, die nur fähig sind, nichts mehr als Nahrung aufzunehmen, und ihre Derivate, wie Wachstum und Selbstproduktion. Zum Beispiel Pflanzen.

1.2.Diejenigen, die auch fühlen können. Zum Beispiel Tiere, die an Ortsbewegung fehlen, wie Austern.

1.3.Diejenigen, die zusätzlich örtlich bewegen können. Zum Beispiel perfekte Tiere wie Vierfüßer, Vögel und Ähnliches.

1.4.Diejenigen, die zusätzlich in der Lage sind zu wissen, wie Menschen.

2-Vitale Operationen werden diejenigen genannt, deren Prinzipien in denen liegen, die handeln, sodass sie selbst solche Operationen antreiben; die genannten Prinzipien können natürlich oder Potenzen sein; oder sie können hinzugefügt werden, wie Gewohnheiten beim Menschen. Letzterer neigt dazu, durch Gewohnheiten bestimmte Arten von Operationen durchzuführen, indem er sie zufriedenstellend macht. *So wird, wie durch eine Ähnlichkeit, jede Art von Arbeit, an der ein Mensch Freude hat, so dass seine Neigung dazu ist, seine Zeit darin verbracht wird und sein ganzes Leben darauf ausgerichtet ist, als das Leben dieses Menschen bezeichnet. Daher führen einige ein Leben der Selbstindulgenz, andere ein Leben der Tugend. Auf diese Weise wird das kontemplative Leben vom aktiven Leben unterschieden, und so wird das Erkennen Gottes als ewiges Leben bezeichnet.*

Es gibt zwei Arten von Operationen:₂₈

1-Die Operation, die auf eine externe Materie wirkt. Zum Beispiel: Heizen, Schneiden.

2-Die Operation, die im Agent verbleibt. Zum Beispiel: Verstehen, Fühlen, Wollen.

Die erste perfektioniert nicht den Agenten, sondern denjenigen, der die Handlung empfängt. Die zweite perfektioniert den Agenten.

Bewegung ist eine Akt des Bewegenden. Handlung ist eine Akt des Agenten. Bewegung ist eine unvollkommene Akt, weil sie in Potenz ist. Handlung ist eine vollkommene Akt, weil sie in Akt ist.

In Gott gibt es keine Bewegung. Dennoch agiert Er. Gott lebt, weil Er agiert, nicht weil Er sich bewegt. Handlung ist keine Bewegung, weil sie ohne Übergang von Potenz zu Akt erfolgt. Gott versteht, weiß und fühlt immer im Akt. Und wir sagen, analog dazu, dass Er dies durch Operationen tut. In Wirklichkeit sind solche Operationen jedoch nichts anderes als Sein Wesen selbst. Jede göttliche Handlung ist das göttliche Wesen selbst. Das heißt: Gott ist Verstehen, also versteht Er. Gott ist Wissen, daher weiß Er. Gott ist Gefühl, daher fühlt Er. Gott ist Leben, daher lebt Er.

In Gott ist leben gleichbedeutend mit Verstehen, wie zuvor festgestellt (a. 3). Im Verstand Gottes sind das verstandene Ding und der Akt des Verstehens eins. Daher ist alles, was in Gott als verstanden vorhanden ist, das eigentliche Leben oder die Lebenskraft Gottes. Daher sind alle Dinge in Ihm die göttliche Lebenskraft selbst, da alle Dinge, die von Gott gemacht wurden, in Ihm als verstanden vorhanden sind.[29]

Das Konzept des Lebens gilt analogisch für Gott. Wir wissen, dass Er lebt, weil das Leben eine gewisse Vollkommenheit impliziert, und Gott alle Vollkommenheiten in höchstem Maße besitzt. Aber Er lebt nicht so wie Entitäten es tun, selbst wenn diese Entität die vollkommenste von allen ist, der Mensch. Das Leben Gottes ist göttlich. Es ist Er selbst. Gott ist Sein eigenes Leben. Es ist falsch zu sagen, dass Er Leben hat. Denn Gott besitzt nichts im eigentlichen Sinne des Wortes. Daher sprechen wir analog. **Gott ist, Er besitzt nicht**. Er versteht, weiß oder fühlt weder. ER IST. Sein Sein ist alles, was wir Ihm zuschreiben.

Das Leben ist am meisten und im eigentlichen Sinne in Gott. Zur Bestätigung dessen ist zu berücksichtigen, dass, wenn einige Dinge als lebendig bezeichnet werden, weil sie gemäß ihrer eigenen Tätigkeit handeln und nicht als von anderen bewegt, umso perfekter dies auf jemanden zutrifft, umso vollkommener wird das Leben in ihm gefunden.[30]

Um dieses Prinzip zu unterscheiden, müssen drei Begriffe im Gedächtnis behalten werden:

1-Das Ziel, durch das sich die Entität bewegt
2-Die Form, durch die das Sein sich bewegt
3-Das Instrument, durch das es sich bewegt

In bestimmten Fällen ist der Agent nur ein Ausführender: Er hat weder das Ziel konzipiert, noch hat er selbst die Form erworben, die die zu produzierende Aktion bestimmt. Zum Beispiel eine Pflanze.

Das Tier, wie die Pflanze, führt durch eigene Mittel die Bewegungen zur Erreichung des Ziels aus. Aber im Gegensatz zur Pflanze besitzt es Sinne, die ihm die Möglichkeit von vielfältigen Bewegungsformen geben. Es hat einen Radius autonomer Aktivität, der je nach Art variiert. Aber das Ende seiner Bewegung wird ihm gewährt. Es wird vom Ende bewegt und für das Ende. In diesem Sinne ist es nicht autonom.

Der Mensch ist vollkommener als das Tier. Er führt die Bewegung selbst durch, wählt die Formen aus, um sie durchzuführen, und bestimmt das Ende durch seine Intelligenz. Dies beinhaltet das Messen von Mitteln und Zwecken und dann deren Koordination. Er besitzt das vollkommenste Leben aller Seienden, insofern er von einer höheren Bewegung bewegt wird.

Aber die Ziele, von denen wir beim Menschen sprechen, sind die speziellen Ziele eines bestimmten Moments, einer bestimmten Handlung oder einer bestimmten Gruppe von Handlungen. Das Gleiche gilt nicht, wenn es um das höchste Ziel geht, das unsere Handlungen definiert und die allgemeinen Impulse des Lebens bestimmt. Die Natur hat dem Menschen die Ersten Prinzipien (die sich nicht ändern können) eingeprägt, die das Wissen leiten werden; und den Appetit nach dem Guten (der nicht nicht wollen kann), der den Willen bewegen wird. Daher ist der Mensch nicht völlig autonom: Er ist durch seine Natur bedingt. *Daher muss er, obwohl er sich in Bezug auf manche Dinge selbst bewegt, in Bezug auf andere Dinge von einem anderen bewegt werden.*[31]

Gott allein ist das Unbedingte. Nur Er hat volle Autonomie des Handelns.

Wenn das Leben in der Autonomie des Handelns besteht, ist es nur bei Gott in vollem Maße gegeben. Nur in Gott sind Intelligenz, das Erste

Prinzip des Lebens, und die Handlung der Intelligenz, die Manifestation dieses Lebens, untrennbar von Seiner Natur.

Seine Intelligenz umfasst auf überlegene Weise das, was wir mit dem Wort Leben etablieren wollen, nämlich: die Autonomie der Operationen.

Sankt Thomas fundiert in der *Summa contra Gentiles* Buch I, Kapitel 97, warum man sagen sollte, dass *Gott Leben hat*. Nämlich:

1-Gott versteht und will. Das Verstehen und Wollen sind Eigenschaften des Lebendigen. Daher ist Gott lebendig.

2-Man sagt, dass die Entität lebt, die von selbst die für ihre Natur eigenen Operationen durchführt, auch wenn diese nicht mit Bewegung erfolgen.. Zum Beispiel: Verstehen, Begehren und Fühlen. Gott führt selbst die Operationen der göttlichen Natur aus. Daher gebührt ihm in höchstem Maße das Leben.

3-Gott begreift alle Vollkommenheit des Seins. Die Lebenden sind vollkommener als die Nicht-Lebenden. Daher gebührt Gott in höchstem Maße das Leben.

Sankt Thomas fundiert in der *Summa contra Gentiles* Buch I, Kapitel 98, dass *Gott sein eigenes Leben ist*:

1-Leben ist der Akt des Lebenden. Gott ist reiner Akt. Daher ist Gott sein eigenes Leben.

2-Das Leben des Lebendigen ist dasselbe Leben, ausgedrückt auf eine gewisse abstrakte Weise, etwa wenn wir "Rennen" sagen, was in Wirklichkeit nichts anderes als das Laufen ist.

Leben ist nichts weiter als das Sein in einer solchen Natur; und Leben bedeutet nicht mehr als dasselbe, aber abstrakt; so wie Rennen in abstrakter Form dasselbe bedeutet wie Laufen. Daher ist 'lebendig' ein wesentliches Prädikat, nicht akzidentell. [32]

Das Leben ist das Leben des Lebenden. Das Leben der Lebenden ist ihr eigenes Sein. Denn sie leben durch die Seele, die sie belebt und ihnen das Sein gibt. Daher ist das Leben nichts anderes als das Sein, das aus der Form (Seele) kommt. Nun, Gott ist sein Sein. Daher ist es sein Leben und seine Existenz.

3-Das Verstehen ist eine bestimmte Art des Lebens. Denn nur derjenige, der lebt, versteht. Gott ist sein Verstehen. Daher ist es sein Leben und seine Existenz.

4-Wenn Gottes Leben nicht sein Leben wäre, würde folgen, dass er lebt, indem er am Leben teilnimmt. Das ist unmöglich. Es zu akzeptieren würde bedeuten, eine Ursache des Lebens in Gott zuzugeben. Und Gott ist ohne Ursache. Wenn Gott nicht sein Leben ist, müssten wir akzeptieren, dass er es erhalten hat und dass in ihm etwas hinzugefügt wurde, das nicht er selbst ist. Das ist unmöglich, denn Gott ist nicht zusammengesetzt.

Sankt Thomas fundiert in der *Summa contra Gentiles* Buch I, Kapitel 99, dass das *Leben Gottes ewig ist*:

1-Was heute lebt und morgen nicht mehr lebt, hat eine Ursache, denn nichts geht von selbst aus dem Nichtsein ins Sein ohne Ursache über. Aber Gott hat keine Ursache. Daher ist es unmöglich, dass er einmal lebendig und einmal nicht lebendig ist. Im Gegenteil, er lebt immer.

2-Bei jeder Operation, die ein Sein durchführt, bleibt dieses bestehen, auch wenn die Operation möglicherweise nacheinander erfolgt.. Das heißt, der Agent (Subjekt) bleibt selbst in der gesamten Operation bestehen. Aber wenn die Operation dasselbe Subjekt wäre, könnte nichts nacheinander dort bleiben. Alles würde gleichzeitig bleiben. Verstehen und Leben sind Operationen Gottes. Aber sie sind derselbe Gott. Daher hat sein Leben keine Abfolge: Es ist alles auf einmal und daher ewig.

3-Gott ist unbeweglich. Aber das, was beginnt zu leben und aufhört zu leben oder während es lebt, einer Abfolge unterworfen ist, ist veränderlich. Gott hat nicht begonnen zu leben, wird nicht aufhören zu leben und unterliegt keiner Abfolge, solange er lebt.

Zusammenfassung der obigen Prinzipien

1-Diejenigen Entitäten, die sich von selbst bewegen oder handeln, haben Leben.

2-Gottes Leben ist göttlich: Es ist Er selbst. Gott ist Sein eigenes Leben.

3-Es ist falsch zu sagen, dass Er Leben hat. Denn Gott besitzt im eigentlichen Sinne nichts. Daher sprechen wir analog. Gott ist, Er besitzt nicht.

4-Ein lebendiges Seiende ist das Seiende, das sich mit einer autonomen Bewegung bewegt, unabhängig von der Art dieser Bewegung: Translation, qualitative Veränderung (Alteration), Zunahme (Augmentation), Abnahme (Diminution) usw.

5-Bewegung ist ein Akt des Bewegenden. Handlung ist ein Akt des Agenten.

6-Bewegung ist ein unvollkommener Akt, weil sie in Potenz ist. Aktion ist ein vollkommener Akt, weil sie im Akt ist.

7-In Gott gibt es keine Bewegung. Aber Er handelt. Gott lebt, weil Er handelt, nicht weil Er sich bewegt.

8-Alle göttlichen Handlungen sind die göttliche Essenz selbst.

9-Das Leben Gottes ist ewig.

3. DER WILLE GOTTES

Gott ist mit Wille begabt. Wille und Verständnis stehen eng miteinander in Verbindung.[33] Es ist unmöglich, das eine Gott zuzuschreiben, ohne ihm auch das andere zuzuschreiben.

Das mit Intelligenz begabte Seiende hat die besondere Eigenschaft, sein Gutes zu kennen, und muss es daher auf besondere Weise suchen und sich darin ausruhen, durch eine Neigung, die vom Verstand reguliert wird; diese Neigung hat den Namen Wille erhalten. Die göttliche Intelligenz, die das Gute kennt, kann nicht ohne den göttlichen Willen existieren, der das Gute will (Summa Theologica I, q.19 a.1).[34]

In der Ordnung der Agenten ist das Erste die Intelligenz, und um sie zu bewegen, das Gute: der Wille ist dann ein Vermittler zwischen der Vorstellung des Guten und seiner Eroberung.[35]

Das Verständnis ist insofern Materie, als es Form annimmt. Materie, die nach Form verlangt. **Die intelligible Form verleiht dem Verständnis Sein**. Daher sagen wir, dass die intelligible Form das natürliche Gut des Verständnisses ist.

Das Verständnis ist in Potenz von mehreren Formen. Tatsächlich kann das Verständnis alles wissen, was nach seiner Fähigkeit bekannt sein kann.

Der letzte Zweck des Verständnisses ist die Wahrheit. Das ist sein Gutes. Wenn es dies nicht hat, sucht es danach. Wenn es dies hat, ruht es darin. In beiden Fällen folgt der Wille dem Verständnis. In beiden Fällen interveniert der Wille: entweder um die Wahrheit zu erreichen oder um in ihr zu ruhen. Daher gibt es in jeder Entität mit Verständnis auch einen Willen.

So gibt es, durch Analogie, in Gott einen Willen, da in Ihm ein Verständnis ist. Gott kennt nicht wirklich als sein eigenes Objekt etwas anderes als sich selbst und alles andere in sich selbst, als eine Teilnahme an seinem Sein. Und da sein Wissen sein Sein ist, ist es auch sein Wille. Das heißt: Die Essenz Gottes ist sein Sein, sein Verständnis und sein Wille. Dieses Argument wird von St. Thomas in der *Summa Theologica* I, q.19 a.1 Resp. entwickelt.

Ein Wille, dessen Hauptobjekt ein Gut außerhalb seiner selbst ist, muss von einem anderen bewegt werden. Aber das Objekt des göttlichen Willens ist Seine Güte, die Seine Essenz ist. Daher wird der Wille Gottes, da er Seine Essenz ist, nicht von einem anderen als sich selbst bewegt, sondern allein von sich selbst, im gleichen Sinne wie Verstehen und Wollen als Bewegung bezeichnet werden. Das ist es, was Plato meinte, als er sagte, dass der erste Beweger sich selbst bewegt.[36]

Gott will auch, was von Ihm verschieden ist.

Dies ergibt sich aus dem Vergleich, den wir oben gemacht haben (Artikel [1]). Natürliche Dinge neigen nicht nur zu ihrem eigenen angemessenen Gut, um es zu erlangen, wenn es nicht besessen wird, und, wenn es besessen wird, darin zu ruhen; sondern auch dazu, ihr eigenes Gut unter anderen zu verbreiten, so weit wie möglich.[37]

Dieser Wunsch, das eigene Gute an andere weiterzugeben, den alle Seienden haben, entspricht auch dem Willen Gottes, von dem jede Vollkommenheit abgeleitet ist. Seine eigene Güte bewegt Seinen Willen. **Das eigentliche Objekt des göttlichen Willens ist Seine Güte.**

Also will Er sowohl, dass Er selbst sei, als auch, dass andere Dinge seien; aber sich selbst als Ziel und andere Dinge als darauf ausgerichtet; insofern es der göttlichen Güte entspricht, dass andere Dinge daran teilhaben.[38]

Der Wille Gottes ist völlig unveränderlich. In diesem Sinne klärt Thomas von Aquin auf. Und es lautet wie folgt: Den Willen zu ändern, ist nicht dasselbe wie zu wollen, einige Dinge zu ändern. Gott kann, als Unveränderlicher, Seinen Willen nicht ändern. Aber Er kann jetzt etwas tun und dann das Gegenteil. Der Wille würde sich ändern, wenn jemand anfangen würde, das zu wollen, was er zuvor nicht wollte, oder aufzuhören, das zu wollen, was er wollte. Dies kann in Gott nicht geschehen, weil es eine Änderung des Wissens oder der wesentlichen Anordnung Seinerseits implizieren würde, was unmöglich ist.

Nun, der Wille strebt nach dem Guten, das ihm vom Verstand mitgeteilt wird. Daher kann jemand wieder zu wollen beginnen auf zwei Arten:

1-Wenn etwas, das für ihn aufgehört hat, ein Gut zu sein, wieder anfängt, eins zu sein. Dies geschieht nicht ohne eine Veränderung. Zum Beispiel: *Wenn die Kälte kommt, beginnt es gut zu sein, neben dem Feuer zu sitzen, etwas, was es zuvor nicht war.*

2-Dass er wieder beginnt zu wissen, was für ihn ein Gut ist, was er zuvor nicht wusste.

Bei Gott kann nur die erste Voraussetzung eintreten: dass Sein Wille, unveränderlich, durch Seinen Plan eine Veränderung will.

Es muss jedoch darauf hingewiesen werden, dass es einen Unterschied gibt zwischen einem Willenswechsel und dem Wunsch nach Veränderungen in den Objekten dieses Willens. Wie wir gesagt haben: Gott will dies nicht wegen dessen, sondern will, dass dies wegen dessen sei, so sagen wir: Gott will nicht zuerst dies und dann das; sondern Er will, dass dies zuerst sei und dann das. Mit anderen Worten, die Abfolge der Dinge fällt unter den Willen Gottes als Sein; aber der göttliche Wille ändert sich nicht.[39]

Der Wille Gottes ist frei in Bezug auf die endlichen Güter aller Sein. Diese können Ihm keine neue Vollkommenheit bringen. Seine Freiheit gründet sich auf die souveräne Unabhängigkeit des Seins an sich selbst gegenüber allem Existierenden: *es ist die beherrschende Gleichgültigkeit des Seins* gegenüber dem Kontingenten, dessen Existenz nicht widerspricht, aber kein Recht hat zu existieren.

Dem Souveränen Gut gebührt es, das, was in Ihm ist, zu kommunizieren. Er tut dies mit der absoluten Freiheit, weil Seine Vollkommenheit nicht durch die Mitteilung an andere erhöht werden kann.[40]

Schauen wir uns einige Argumente aus der *Summa contra Gentiles* Buch I, Kapitel 72 an, mit denen Sankt Thomas diese Aussage begründet: *Gott will.*

1-Das eigentliche Objekt des Willens ist das Gute, wie es vom Verstand als solches erkannt wird. Der Wille begehrt dieses Gut und sucht es daher zu erreichen. Das Gute als solches muss gewollt werden, weil es das eigentliche Objekt des Willens ist. Der Wille will das Gute, das der Verstand erkennt. Gott, der vollkommen intelligent ist, erkennt das Gut, das Objekt des Willens ist. Und deshalb will Er.

2-*Das Verstehen, je perfekter es ist, desto mehr Freude bereitet es dem Subjekt, das versteht. Gott versteht, und Sein Verstehen ist vollkommen. Daher ist der Akt des Verstehens für Ihn sehr erfreulich. Nun ist die intellektuelle Freude durch den Willen, so wie die sinnliche Freude durch den begehrlichen Appetit, verursacht. Es gibt also einen Willen in Gott.*

3-Wir verstehen, weil wir wollen, wir stellen uns vor, weil wir wollen, und so in den anderen Fähigkeiten. Das Verständnis bewegt den Willen, nicht als effiziente und bewegende Ursache, sondern als letzte Ursache, indem es ihm sein eigenes Objekt vorschlägt, das das Gute ist. Daher gehört es zu Gott, dem ersten unbewegten Beweger, der durch die Anziehung, die er auf die Siende ausübt, alles bewegt, besser als jedem anderen zu wollen.

In der *Summa contra Gentiles* Buch I, Kapitel 73, begründet Sankt Thomas diese Aussage: *Der Wille Gottes ist Seine eigene Essenz.*

1-Da die göttliche Substanz etwas Einfaches und Vollkommenes in ihrem Sein ist, wird ihrem Willen nichts hinzugefügt. Andernfalls wäre Gott zusammengesetzt. Und das ist unmöglich. Folglich ist der Wille Gottes Seine Essenz.

2-Gott ist der Subjekt von wollenden Akten, weil Er intelligent ist. Er ist von Natur aus intelligent. Daher ist der Wille Gottes Seine eigene Essenz.

3-Das Verstehen Gottes ist Sein Sein. Der Wille folgt dem Verständnis. Er kann der göttlichen Substanz nicht hinzugefügt werden, weil in Gott keine Zusammensetzung zulässig ist. Folglich ist der göttliche Wille Sein eigenes Sein und damit Seine Essenz.

4-*Da jeder Agent handelt, während er in Akt ist, muss Gott, der reine Akt ist, notwendigerweise durch Seine Essenz handeln. Und da das Wollen eine Akt Gottes ist, muss Er daher aufgrund Seiner Essenz wollen. Sein Wille ist also Seine eigene Essenz.*

In der *Summa contra Gentiles* Buch I, Kapitel 74, begründet Sankt Thomas diese Aussage: *Das Hauptobjekt des Willens Gottes ist die göttliche Essenz.*

1-Das Objekt des Willens ist das Gute, von dem das Wissen (Verständnis) ihn informiert. Gott erkennt als Hauptobjekt Seine Essenz. Folglich ist dies auch das Hauptobjekt des Willens Gottes.

2-Wenn der Wille Gottes etwas anderes als Sich selbst wollen würde, gäbe es eine Ursache für diesen Willen, die dem göttlichen Sein fremd ist. Der Wille würde ein Objekt wollen, das anders ist als Gott und das Sein Wollen verursacht, was gegen die Essenz des Ersten Unverursachten Sein ist.

3-Das letzte Ziel von allem, was will, ist sein Hauptobjekt, weil das Ziel an sich selbst gewollt wird, und der Rest wird von ihm gewollt. Nun ist Gott selbst das letzte Ziel, weil Er das gleiche Gute ist. Daher ist Er selbst das Hauptobjekt Seines Willens.

4-Da die göttliche Essenz das göttliche Verstehen und alles, was in Ihm ist, ist, ist offensichtlich, dass Er in gleicher Weise Sein Verstehen, Sich selbst lieben, eins sein wollen usw. als Hauptobjekt will.

In der *Summa contra Gentiles* Buch I, Kapitel 84, begründet Sankt Thomas von Aquin diese Aussage: *Der Wille Gottes will nicht das Unmögliche.*

1-Was einem Seienden widerspricht, schließt etwas Unentbehrliches aus ihm aus. Es schließt das aus, was das Seiende verlangt. Zum Beispiel die folgende Aussage: Der Mensch ist Esel. Das Esel-Sein schließt die Vernunft des Menschen aus, weil es behauptet, dass das Vernünftige irrational ist. Dies ist unmöglich. Gott will notwendigerweise, was für jedes Seiende unentbehrlich ist, um zu existieren. Es ist unmöglich, dass Sein Wille etwas will, was dem Seienden, das Er will, zuwiderläuft. Folglich will der Wille Gottes nicht das Unmögliche.

2-Gott kann nicht wollen, was der Vernunft des Seins als solches zuwiderläuft. Zum Beispiel, dass eine Sache gleichzeitig Sein und Nichtsein ist. Gott kann daher nicht bewirken, dass die Behauptung und die Verneinung gleichzeitig wahr sind. *Und dies schließt genau das ein, was an sich unmöglich ist, was sich selbst widerspricht.* Folglich kann der Wille Gottes nicht das Unmögliche wollen.

3-Was nicht in den Bereich des Verständnisses fällt, fällt auch nicht in den Bereich des Willens. Der Wille neigt nur zum Guten, das vom Verständnis erkannt wird. Dinge, die von Natur aus unmöglich sind, fallen nicht unter das Verständnis, weil sie in sich selbst widersprüchlich sind. Und selbst wenn das menschliche Verständnis darin irrt, die Eigenschaften der Dinge nicht angemessen zu erfassen, wird das Verständnis Gottes niemals irren, weil es vollkommen ist. Folglich kann der Wille Gottes nicht das Unmögliche wollen.

4-Etwas ist dem Guten so weit wie dem Sein zuträglich. Aber unmögliche Dinge können nicht sein. Daher können sie nicht gut sein. Noch können sie daher von Gott gewollt werden, der nur das will, was gut ist oder gut sein kann. *Folglich kann der Wille Gottes nicht das Unmögliche wollen.*

In der *Summa contra Gentiles* Buch I, Kapitel 86, begründet Sankt Thomas von Aquin diese Aussage: *Man kann den Grund des göttlichen Willens angeben.*

In diesem Sinne nennt er drei Gründe, die den göttlichen Willen bestimmen können:

1-Eine gewisse Bequemlichkeit 2-Einen Nutzen 3-Eine hypothetische Notwendigkeit.

Keiner der drei ist absolut. Denn mit absoluter Notwendigkeit will Gott nur sich selbst.

Und er argumentiert für die drei Gründe, die den göttlichen Willen inspirieren:

1-**Ein bestimmter Vorteil bestimmt den göttlichen Willen.** Das Ziel jeder göttlichen Handlung ist der Grund, warum das Angeordnete gewollt wird. Gott will Seine Güte als Ziel, und alles andere als auf das Ziel ausgerichtet. Seine Güte ist also der Grund, warum Er Sein will, die von Ihm verschieden sind.

2-**Ein Nutzen bestimmt den göttlichen Willen.** Das besondere Gut ist auf das allgemeine Gut als Ziel ausgerichtet. Auf diese Weise sind einige Dinge Objekte des göttlichen Willens, solange sie als Gut betrachtet werden. Daher ist das universelle Gut der Grund, warum Gott das besondere Gut des Universums will.

3-**Eine hypothetische Notwendigkeit.** Angenommen, Gott will ein Seiendes, dann will Er es notwendigerweise, weil Er es für unverzichtbar hält, damit andere Seiende existieren können. Diejenige Notwendigkeit, die ein Seiendes prägt, ist der Grund für seine Existenz. Der Grund, warum Gott also das Unverzichtbare für alles will, ist, dass es das gibt, was es erfordert.

So will Gott, dass der Mensch Vernunft hat, damit er Mensch ist; Er will, dass der Mensch existiert, um das Universum zu vervollständigen, und Er will das Wohl des Universums, weil es Seiner Güte entspricht.

Der Angelische Doktor erklärt, dass diese dreifache Begründung nicht in Bezug auf dieselbe Beziehung erfolgt. So:

-Die göttliche Güte hängt nicht von der Vollkommenheit des Universums ab und erfährt keine Zunahme durch diese Vollkommenheit.

-Die Vollkommenheit des Universums hängt zwar notwendigerweise von einigen besonderen Gütern ab, die wesentlicher Bestandteil des Universums sind, aber sie hängt nicht notwendigerweise von anderen Gütern ab, die trotzdem etwas zu ihrer Güte und Schönheit hinzufügen. Beispielsweise existieren Seiende nur zur Hilfe und Verzierung des Universums.

-Das besondere Gut hängt notwendigerweise von dem ab, was absolut unverzichtbar für seine Existenz ist.

*Daher ist der Grund, der den göttlichen Willen bestimmt, manchmal eine gewisse Bequemlichkeit; manchmal ein Nutzen und manchmal eine hypothetische Notwendigkeit; **aber mit absoluter Notwendigkeit will Er nur sich selbst.***

In der *Summa contra Gentiles* Buch I, Kapitel 87, begründet Sankt Thomas diese Aussage: *Nichts kann Ursache des göttlichen Willens sein.*

Er gibt an, dass folgende Aussage als Irrtum abzulehnen ist: Alles geht von Gott aufgrund Seines einfachen Willens aus.

So denken diejenigen, die der göttlichen Macht die Möglichkeit zuschreiben, Widersprüche zu verwirklichen, zum Beispiel, als ob Gott durch Sein göttliches Wesen zwei und zwei zu drei machen könnte. Das ist unmöglich. Gott vollbringt nicht, was in sich selbst und aufgrund der von Ihm bestimmten Ordnung unmöglich, lächerlich, widersprüchlich ist... Als ob es keinen anderen Grund gäbe als diesen: Gott will es. Aber das ist nicht so: Gott handelt mit Gründen. Und erst danach will Er es.

1-Das Ziel ist Ursache dafür, dass der Wille will. Und das Ziel des göttlichen Willens ist Seine Güte. Dies ist daher der wichtigste Grund für den göttlichen Willen. Der Überschuss Seiner Güte, die Seine Essenz ist, ergießt und wirkt sich auf die Realität aus.

2-Unter den Seienden, die Gott will, ist keines die Ursache des göttlichen Wollens. Einige Seiende sind jedoch Ursache für andere in Bezug auf die göttliche Güte. Und so versteht man, dass Gott eines wegen des anderen will.

In der *Summa contra Gentiles* Buch I, Kapitel 88, begründet Thomas von Aquin diese Aussage: *Gott ist frei.*

1-Der freie Wille der Menschen besteht darin, etwas ohne Notwendigkeit und spontan zu wollen. Zum Beispiel: Laufen oder spazieren gehen wollen. Gott will ohne jegliche Notwendigkeit Sein, die von Ihm verschieden sind. Daher ist der freie Wille Gottes eigen.

2-Wir sagen, dass formell der göttliche Wille dem göttlichen Verständnis folgt. Dieses lenkt es zu Dingen hin, für die es nicht natürlicherweise bestimmt ist. Im Falle des Menschen ist dasselbe wahr. Durch den freien Willen wird der Mensch durch das Urteil der Vernunft und nicht durch den Impuls der Natur zur Willensäußerung geneigt. Daher hat Gott einen freien Willen.

3-Aristóteles lehrt, dass *der Wille auf das Ziel gerichtet ist und die Wahl auf das Ziel gerichtet ist.* In diesem Sinne will Gott sich selbst als Ziel, und andere Sein als auf das Ziel ausgerichtet. So hat Er in Bezug auf sich selbst nur einen Willen; und in Bezug auf andere Sein hat Er außerdem eine Wahl. Und die Wahl wird immer durch den freien Willen getroffen. Daher hat Gott einen freien Willen.

4-*Der Mensch ist Herr seiner Akte, weil er einen freien Willen hat. Aber dies gehört gerechterweise eher dem Ersten Agenten, dessen Akt von niemandem abhängt. Daher besitzt Gott einen freien Willen.*

5-Aristoteles lehrt am Anfang seiner *Metaphysik* Buch I, dass *frei ist, wer Ursache von sich selbst ist.* Und das passt niemandem besser als der Ersten Ursache Unverursachten (Zweite Weg), die Gott ist. Daher hat Er einen freien Willen.

Zusammenfassung der dargestellten Prinzipien

Aus alledem können wir einige grundlegende Prinzipien ableiten, die es uns ermöglichen, unser Wissen über die göttliche Natur zu festigen:

1-Gott ist mit einem Willen ausgestattet.

2-In Gott bewegt formal das Verständnis den Willen. Es gibt keine realen Unterschiede zwischen dem göttlichen Verständnis und Willen: Beide sind dieselbe göttliche Essenz.

3-Der Wille strebt nach dem Gut, das ihm das Verständnis mitteilt.

4-Das Objekt des Willens ist das Gut. Der göttliche Wille "bewegt sich" zum Guten. Da Er vollkommen ist, sucht Er nur das vollkommene Gut. Gott ist das vollkommene Gut. Daher hat der göttliche Wille Gott als Objekt. Der Wille Gottes will Gott.

5-Gott will auch, was von Ihm verschieden ist. Weil die Güte sich ausbreitet. Gott will, Seine Güte an alle weiterzugeben.

6-Der Wille Gottes ist unveränderlich.

7-Das Hauptobjekt des göttlichen Willens ist die göttliche Essenz.

8-Der Wille Gottes will nicht das Unmögliche.

9-Gott ist frei.

10-Der Wille Gottes hat keine Ursache, sondern hat Gründe, auf eine bestimmte Weise zu handeln oder anders zu handeln.

4. DIE LIEBE GOTTES

Der göttliche Verstand, der das Gute erkennt, kann nicht ohne den göttlichen Willen existieren, der dieses Gute will. Dieser Wille kann keine einfache Fakultät des Wollens sein. Die Handlung des göttlichen Willens, der das Gute will, ist die Liebe. Sankt Thomas nennt es *die erste Bewegung des Willens*.[41]

Alle Akte des Willens, sei es Verlangen, Wollen, Zustimmung, Wahl oder Hass, gehen aus der Liebe hervor, die das eigentliche Erwachen des Willens bei Berührung seines Objekts ist, das das Gute ist.[42]

(...) die Liebe, sagen wir, die genau genommen ein Wollen ist, nicht diejenige, die eine Leidenschaft ist, eine Emotion der Seele. Die Liebe selbst ist das Wollen des Guten für den Geliebten (...) Gott will das Gute, indem er das Sein will, und alles, was von ihm teilnimmt, ist daher Objekt der schöpferischen Liebe.[43]

Gott liebt seit Ewigkeit. Lieben bedeutet, das Gute wollen. Gott selbst ist das Gute. Daher liebt Gott sich selbst in dem Maße, wie er liebenswert ist, das heißt: unendlich. Er liebt sich durch einen Akt, der über seine eigene Freiheit steht. Dieses Argument spricht von der absoluten Notwendigkeit Gottes und der Kontingenz der Geschöpfe.

Gott kommuniziert nicht mit den Geschöpfen aufgrund irgendeiner inneren Notwendigkeit, wie die Sonne leuchtet. Seine Liebe ist souverän frei. Was Gott in den Dingen, die von ihm verschieden sind, will, ist, dass er in ihnen die Ähnlichkeit seiner Güte findet.

Die Liebe, wie sie in Gott existiert, kann keine Leidenschaft oder Emotion der Empfindsamkeit sein, wie auch immer sie geordnet sein mag; und der Grund dafür ist, dass Gott als reiner Geist keine Empfindsamkeit hat.[44]

Gott hasst nichts. Gott will das Gute von allem. Als Ursache aller Seienden findet er in ihnen die Ähnlichkeit seiner Güte.

Denn wie die Liebe zum Guten steht, so steht der Hass zum Bösen; denn gegenüber denen, die wir lieben, wollen wir Gutes, und denen, die wir hassen, wollen wir Böses. Wenn also der Wille Gottes, wie gezeigt wurde, nicht zum Bösen geneigt sein kann, ist es unmöglich, dass Er irgendetwas hassen könnte.[45]

Lieben bedeutet also, das Gute für jemanden wollen. Dies kann in einem doppelten Sinn gesagt werden:[46]

1-**Vonseiten des Willensaktes selbst**, der intensiver oder weniger intensiv sein kann. In diesem Sinne liebt Gott den einen nicht mehr als den anderen, weil er alles mit einem einzigen und einfachen Willensakt liebt. Dieser Akt hat immer die gleiche Intensität.

Unsere Liebe hat für uns eine Ursache, nämlich das Gut, das sie provoziert und zieht; die göttliche Liebe hingegen ist die Erste Ursache, so dass Gott seine Geschöpfe nicht liebt, weil sie gut sind, sondern sie sind gut, weil Gott sie liebt, indem er das höchste Gut liebt, an dem sie teilhaben. Daraus folgt, dass er alle liebt, weil alle am Gut teilhaben, weil alle auf das Sein zulaufen, dessen Quelle Gott ist.[47]

2-**Vonseiten des Guten selbst**, das jemand für den Geliebten will. In diesem Sinne sagen wir, dass jemand jemand anderen mehr liebt, wenn das gewünschte Gut größer ist, selbst wenn es nicht mit einem intensiveren Willen ist.

Aufgrund dieses letzten Sinnes sagen wir, dass Gott einige mehr liebt als andere. Beachten Sie, dass die Liebe Gottes die Ursache des Seins der Dinge ist, daher ist sie die Ursache ihrer Güte (Sein=Gut/Güte). Daher wäre ein Seiende nicht besser als ein anderes, wenn Gott für das eine nicht ein größeres Gut wollen würde als für das andere.

Folglich sind wir in der Lage, die Eigenschaften der Liebe Gottes aufzuzählen:[48]

1-Es ist universell. Sie erstreckt sich auf alle Geschöpfe.

2-Es hat ihre freien Vorlieben.

3-Die göttlichen Vorlieben verletzen nicht die Ordnung der Liebe, die von Gott selbst festgelegt wurde. Tatsächlich bevorzugt Gott die Besten.

4-Es ist unbesiegbar. Nichts kann ihr ohne göttliche Erlaubnis widerstehen. Mit seiner Macht lässt er schließlich alles zum Guten beitragen.

Gott liebt die Besten mehr:

Es muss gemäß dem zuvor Gesagten sein, dass Gott die besseren Dinge mehr liebt. Denn es wurde gezeigt (Artikel 2 und 3), dass Gottes Liebe zu einer Sache mehr als zu einer anderen nichts anderes ist als Sein Wollen für diese Sache eines größeren Gutes: weil Gottes Wille die Ursache von Güte in den Dingen ist; und der Grund, warum einige Dinge besser sind als andere, liegt darin, dass Gott für sie ein größeres Gut will. Daher folgt, dass Er die besseren Dinge mehr liebt.[49]

Im ersten Sinne sagen wir, dass Gott alles Existierende liebt. Denn alles, was existiert, ist gut, weil es existiert. Es ist gut, weil es Sein hat (Sein=Gut=Wahrheit). Wir wissen durch den Zweiten Weg, dass Gott die Ursache von allem ist. Wenn also ein Seiende ist, dann weil der Wille Gottes es so will. Und wenn es ist, dann ist es gut. Es hat irgendein Gut. Die Liebe Gottes erfüllt und schafft Liebe in den Seienden.

Jeder existierenden Sache will Gott also irgendein Gut. Daher, da etwas zu lieben nichts anderes bedeutet, als dieser Sache Gutes zu wollen, ist offensichtlich, dass Gott alles liebt, was existiert.[50]

In der *Summa contra Gentiles* Buch I, Kapitel 89 argumentiert Thomas von Aquin um die folgende Aussage: *In Gott gibt es keine affektiven Leidenschaften.*

1-Es gibt keine Leidenschaft, die aus der intellektuellen Neigung stammt, sondern nur aus der sensiblen. Aber in Gott kann es keine sinnliche Neigung geben, weil es an sinnlicher Kenntnis mangelt. Daher gibt es in Gott keine affektive Leidenschaft.

2-Jede affektive Leidenschaft impliziert eine körperliche Veränderung, wie zum Beispiel die Kontraktion oder Erweiterung des Herzens. Aber bei Gott ist das unmöglich, denn Gott hat keinen Körper. Also gibt es bei Gott keine affektive Leidenschaft.

3-Jede affektive Leidenschaft bedeutet, dass derjenige, der sie empfindet, aus seinem gewöhnlichen, normalen oder natürlichen Zustand herausgerissen wird. Das ist bei Gott unmöglich, da er absolut unveränderlich ist. Also gibt es bei Gott keine affektive Leidenschaft.

4-*Jede Leidenschaft ist eigen einem potenziellen Sein. Gott hingegen ist absolut frei von Potenz: Er ist ein reiner Akt. Er fungiert ausschließlich als Agent und lässt keinerlei Raum für Leidenschaft in sich.* Daher gibt es bei Gott keine affektive Leidenschaft. Zudem schließt das in diesem Punkt formulierte Prinzip die Möglichkeit aller Leidenschaften Gottes in seiner allgemeinen Bedeutung aus.

Dann bietet er eine weitere Ursache an, um Leidenschaften von Gott auszuschließen, indem er ein Schlüsselprinzip behauptet. Nämlich: Es gibt Leidenschaften, die Gott widerstreben, weil sie seiner eigenen Natur entgegengesetzt sind, sie schließen sich also aufgrund ihrer eigenen Art aus, würde Thomas von Aquin sagen. Schauen wir uns die Beispiele an, die aufzählen, aber nicht beschränken:

1-**Trauer und Schmerz**. In der *Summa Theologica* I-II, q. 36 a.1 Resp. in fine steht geschrieben:

(...) das gegenwärtige Übel ist eher die eigentliche Ursache für Trauer oder Schmerz als das verlorene Gut.

Diese sind in Gott unmöglich, wenn man auf seine göttliche Natur achtet.

2-**Hoffnung**. In der *Summa Theologica* I-II, q. 40 a.1 ad.2 lesen wir:

Das Objekt der Hoffnung ist das zukünftige Gut, nicht absolut betrachtet, sondern als mühevoll und schwer zu erreichen, wie zuvor dargelegt.

Und das ist in Gott unmöglich, wenn man auf seine göttliche Natur achtet.

3-**Furcht**. Der Engelsdoktor erklärt dies im Buch I, Kapitel 89, Nummer 11 der *Summa contra Gentiles*:

Außerdem schließt die göttliche Vollkommenheit genauso wie die Potenz des Hinzufügens von erlangbarem Gut von Gott aus, so schließt sie erst recht die Potenz zum Bösen aus. Die Furcht bezieht sich auf das drohende Übel, so wie die Hoffnung sich auf ein zu erlangendes Gut bezieht. Aus zweifacher Hinsicht seiner Art wird die Furcht daher von Gott ausgeschlossen: sowohl weil sie nur einem existierenden Potenzsein zukommt, als auch weil ihr Objekt ein drohendes Übel ist.

Und das ist in Gott unmöglich, wenn man darauf achtet, dass es seiner eigenen Natur widerspricht.

4-**Reue**. Was eine Änderung der Zuneigung voraussetzt. Der Angelische Doktor erklärt im Kapitel, das wir analysieren:

Daher ist auch die Natur der Reue Gott zuwider, nicht nur weil sie eine Art von Traurigkeit ist, sondern auch, weil sie eine Änderung des Willens impliziert.

5-**Neid**. Der Angelische Doktor erklärt im Kapitel, das wir analysieren:

Der Neid kann daher selbst nach der Art seiner Spezies nicht in Gott gefunden werden, nicht nur, weil er eine Art von Traurigkeit ist, sondern auch, weil er durch das Gut eines anderen betrübt ist und dieses als sein eigenes Übel betrachtet.

6-**Zorn**. Der Aquinate erklärt im gleichen Kapitel 89:

Zorn ist der Appetit nach dem Bösen eines anderen um der Rache willen. Zorn ist daher Gott fern, gemäß der Art seiner Spezies, nicht nur weil er eine Wirkung von Traurigkeit ist, sondern auch, weil er ein Verlangen nach Rache ist, das aus der durch erlittenes Unrecht entstandenen Traurigkeit herrührt.

In der *Summa contra Gentiles* Buch I, Kapitel 90 argumentiert Sankt Thomas in Bezug auf die folgende Aussage: *Die Freude und das Vergnügen widersprechen nicht der göttlichen Perfektion.*

1-Die Freude kommt von einem gegenwärtigen Gut. Daher widerspricht die Freude, sowohl aufgrund ihres Objekts, das das Gut ist, als auch aufgrund der Disposition des Subjekts gegenüber dem Objekt, von dem es im gegenwärtigen Besitz ist, aufgrund ihrer Art nicht der göttlichen Vollkommenheit.

2-Die Freude und das Vergnügen sind eine gewisse Ruhe des Willens in ihrem Objekt, die für diese ausreichend ist. Daher genießt und erfreut sich Gott, der unveränderlich ist, in hohem Maße an sich selbst durch seinen Willen.

3-Nach Aristoteles vervollkommnet die Freude die Operation wie die Schönheit die Jugend. Unsere Erkenntnis ist durch ihre Operation erfreulich. Daher wird die Freude in Gott, der eine höchst vollkommene intellektuelle Operation hat, in höchstem Maße erfreulich sein.

In der *Summa contra Gentiles* Buch I, Kapitel 91 argumentiert Thomas von Aquin in Bezug auf die folgende Aussage: *In Gott gibt es Liebe.*

1-Damit Liebe existiert, muss der Liebende das Wohl des Geliebten wollen. Gott will sein eigenes Wohl und das der anderen Sein. Gott liebt sich selbst und die anderen Sein. Also gibt es in Gott Liebe.

2-Damit Liebe wahrhaft ist, muss man das Wohl eines Seins wollen, solange es seinem ist. Nicht akzidentell, seit es ein eigenes Gut ist, zum Beispiel. Gott will das Wohl jedes Seins in sich selbst. Also liebt Gott wirklich sich selbst und die anderen Sein.

3-Die Liebe vereint die Liebenden auf gewisse Weise. Je inniger der Grund der Liebe ist, desto fester ist sie. Aus diesem Grund ist manchmal die Liebe, die aus Leidenschaft kommt, lebhafter als diejenige, die auf natürlichen Ursprung oder Gewohnheit beruht, verschwindet aber auch leichter. Nun sind alle Sein mit Gott verbunden, da sie Abbild seiner Güte sind. In gewisser Weise sind sie Gott nahe, da Güte ihm am nächsten ist. Daher gibt es in Gott Liebe, die nicht nur wahrhaft, sondern auch höchst vollkommen und fest ist.

4-Die Liebe hat nichts, was der göttlichen Vollkommenheit aufgrund ihres Objekts, das das Gut ist, oder aufgrund ihrer Anordnung zum Objekt, widerspricht. Denn die Liebe nimmt mit dem Besitz der Sache nicht ab, sondern nimmt im Gegenteil zu, da ein Gut noch verwandter ist, wenn es im Besitz ist. Die Liebe widerspricht daher nicht der göttlichen Vollkommenheit aufgrund ihrer Art. Also gibt es in Gott Liebe.

5-Der Ursprung aller Affekte ist die Liebe, denn die Freude und das Verlangen haben als Ziel ein geliebtes Gut, und die Ursache der Furcht und Trauer ist nichts anderes als das Übel, das dem geliebten Gut entgegengesetzt ist, und alle anderen Affekte leiten sich von diesen ab. Aber wie wir gezeigt haben, gibt es in Gott Freude und Vergnügen. Also gibt es in Gott auch Liebe.

In der *Summa contra Gentiles* Buch I, Kapitel 95 argumentiert Sankt Thomas in Bezug auf die folgende Aussage: *Gott kann das Böse nicht wollen.*

1-Der Wille strebt nach dem Guten, das ihm vom Verstand gezeigt wird. Wenn er sich unter bestimmten Umständen dem Bösen zuwendet, liegt ein Fehler im Urteil der Vernunft vor. Wie auch immer, da das Objekt des Willens das ergriffene Gut ist, kann der Wille sich nicht dem Bösen zuwenden, sondern nur insofern, als es ihm auf irgendeine Weise als Gut vorgestellt wird. Und das kann nur durch einen Irrtum des Verstandes geschehen. Aber im göttlichen Wissen ist ein Fehler nicht möglich. Also kann Gott das Böse nicht wollen.

2-Wir wissen, dass Gott das Höchste Gut ist. Das Höchste Gut schließt jede Vermischung mit dem Bösen aus, so wie die höchste Hitze die Vermischung mit der Kälte ausschließt. Also kann Gott das Böse nicht wollen.

3-Da das Gute die Eigenschaft eines Ziels hat, kann das Böse nicht dem Willen unterliegen, sondern durch Abwendung vom Ziel. Aber der göttliche Wille kann sich nicht vom Ziel entfernen, denn wie bereits bewiesen wurde, kann er nichts wollen außer sich selbst zu wollen. Daher kann er das Böse nicht wollen.

In der *Summa contra Gentiles* Buch I, Kapitel 96 argumentiert Thomas von Aquin zu folgender Aussage: *Gott hasst nichts, und Hass kann in Bezug auf nichts in Übereinstimmung mit ihm stehen.*

1-Hass bedeutet, das Böse für den anderen zu wollen. Der Wille Gottes kann sich nicht dem Bösen zuwenden. Also ist es unmöglich, dass Gott Hass gegenüber irgendetwas empfindet.

2-Die göttliche Güte ist ausströmend. Gott möchte, dass in allem Sein das Abbild seiner Güte reflektiert wird. Das Gute eines jeden Seins besteht daher darin, an der göttlichen Güte teilzuhaben. Gott möchte das Gute von allem. Also ist es unmöglich, dass Gott Hass gegenüber irgendetwas empfindet..

3-Gemäß der Dritten Weg ist Gott das notwendige Sein. Die kontingenten Seienden erklären ihre Existenz durch die Erste Ursache (Zweite Weg), die Gott ist. Wenn er Hass gegenüber etwas haben würde, bedeutet das, dass er möchte, dass dieses Seiende nicht existiert. Das Existieren ist das größte Gut für jedes Seiende. Daher, wenn er möchte, dass ein Seiende nicht existiert, möchte er, dass seine Handlung nicht existiert, denn diese kausale Handlung verleiht dem Seienden das Sein. Aufgrund des Prinzips, dass wenn Gott etwas möchte, er das möchte, was dazu nötig ist, ist klar, dass er, wenn er die Existenz der Sache möchte, auch die Handlung möchte, die sie erschafft. Es ist unmöglich, dass Gott das hasst, was er ins Dasein gebracht hat, weil er die Handlung wollte, die ihm kausal dieses Dasein gab. Also hasst Gott nichts.

4-Alle effizienten Ursachen lieben auf ihre Weise ihre Wirkungen. Zum Beispiel lieben Eltern ihre Kinder, Dichter ihre Gedichte, Handwerker ihre Werke. Daher hasst Gott erst recht nichts, da er die Erste unverursachte effiziente Ursache ist (Zweite Weg). Also hasst Gott nichts.

5-Es gibt zwei Annahmen, unter denen es erlaubt ist, durch Analogie zu sagen, dass Gott hasst. Betonen wir: **es handelt sich um Ausdrucksweisen**. Im ersten Fall: Indem Gott die Dinge liebt und will, dass ihr Gutes existiert, möchte er, dass das gegensätzliche Böse nicht existiert. Daher sagt man, dass Gott das Böse hasst. Im zweiten Fall: Weil er ein größeres Gut will, hasst er alles, was es verhindert.

Denn sofern Er das Gute der Gerechtigkeit oder der Ordnung des Universums will, das ohne die Bestrafung oder Korruption einiger Dinge nicht existieren kann, wird Gott gesagt, die Dinge zu hassen, deren Bestrafung oder Korruption Er will.

Dem folgend, bietet der Aquinate äußerst aufschlussreiche und interessante biblische Beispiele:

(...) gemäß Maleachi: "Ich habe Esau gehasst" (Mal 1,3); und in den

Psalmen: "Du hasst alle Übeltäter, du wirst alle verdammen, die Lügen sprechen. Der blutige und trügerische Mensch wird vom Herrn verabscheut" (Psalm 5,7).

Zusammenfassung der dargestellten Prinzipien

Aus alledem können wir einige grundlegende Prinzipien ableiten, die es uns ermöglichen werden, unser Verständnis der göttlichen Natur zu festigen:

1-Die Liebe ist die erste Bewegung des Willens.

2-Lieben bedeutet, das Gute des anderen zu wollen.

3-Gott will das Gute, indem er das Sein will, und alles, was von ihm teilnimmt, ist Gegenstand seiner Liebe.

4-Lieben bedeutet, das Gute zu wollen. Gott selbst ist das Gute. Also liebt Gott sich selbst in dem Maße, wie er liebenswert ist, das heißt: unendlich.

5-Bei Gott ist die Liebe keine affektive Leidenschaft. Insofern Gott reiner Geist ist, ist er frei von sinnlichem Wissen. Von Sensibilität. Gott ist reine Intelligenz.

6-Gott ist frei zu lieben. Was Gott in den Dingen, die von Ihm verschieden sind, will, ist, dass er in ihnen die Ähnlichkeit seiner Güte findet.

7-Gott liebt alles, was existiert. Denn alles, was existiert, ist gut, weil es existiert.

8-Hassen bedeutet, das Böse des anderen zu wollen. Der Wille Gottes kann nicht zum Bösen geneigt werden. Also ist es unmöglich, dass er Hass empfindet.

9-Es gibt Dinge, die besser sind als andere, weil Gott ein größeres Gut für sie will. Daher können wir schlussfolgern, dass Gott die besseren Dinge mehr liebt.

5. DIE GERECHTIGKEIT UND BARMHERZIGKEIT GOTTES

Die Gerechtigkeit und Barmherzigkeit sind die beiden großen Tugenden des göttlichen Willens. Die Barmherzigkeit steht über der Gerechtigkeit.

Einige sittliche Tugenden haben ihre Bezugsgrundlage in den Leidenschaften. Zum Beispiel hat die Mäßigung ihren Bezugspunkt in der Lust; die Tapferkeit in der Furcht und Kühnheit; die Sanftmut im Zorn. Diese Tugenden können Gott aus zwei Gründen nicht zugeschrieben werden: In Gott gibt es keine Leidenschaften, und außerdem ruhen sie auf dem sinnlichen Teil, der im Menschen, aber nicht in Gott existiert. Andere sittliche Tugenden haben ihren Bezugspunkt in den Handlungen des Gebens und Nehmens. In den Handlungen des Menschen. Zum Beispiel: Gerechtigkeit, Freigebigkeit und Großzügigkeit. Diese befinden sich nicht im sinnlichen Teil, sondern im Willen. Daher steht einer analogischen Zuschreibung an Gott nichts im Wege.[51]

Die Gerechtigkeit neigt den Willen dazu, jedem das zu geben, was ihm zusteht. In der *Summa Theologica* II-II, q. 58 a.1 Resp. *in fine*, definiert Sankt Thomas sie folgendermaßen:

Und wenn jemand es in die angemessene Form einer Definition bringen würde, könnte er sagen, dass "Gerechtigkeit eine Gewohnheit ist, durch die ein Mensch jedem das ihm Zustehende durch einen ständigen und ewigen Willen gewährt": und dies ist ungefähr die gleiche Definition wie die des Philosophen (Ethik V, 5), der sagt, dass "Gerechtigkeit eine Gewohnheit ist, durch die ein Mensch fähig ist, gerechte Handlungen gemäß seiner Wahl auszuführen."

Diese Definition wird analog auf Gott angewendet, in dem es keine Gewohnheit gibt.

In der *Summa Theologica* I, q.21 a.1 Resp. unterscheidet Thomas von Aquin zwei Arten von Gerechtigkeit.

Die erste ist die **Tauschgerechtigkeit,** die im gegenseitigen Geben und Empfangen besteht. Es ist die Gerechtigkeit, die die Veränderungen zwischen Gleichen regelt. Typisch für Verträge, wie zum Beispiel Kauf und Verkauf. Diese Art entspricht nicht Gott. Wir haben nichts, um einem vollkommenen Sein anzubieten. Wir können auf einer Ebene der Gleichheit nichts mit Ihm tauschen.

Die zweite Klasse der Gerechtigkeit ist die **Verteilungsgerechtigkeit,** welche darin besteht, jedem das Seine zu geben. *Durch sie gibt derjenige, der befiehlt oder verwaltet, jedem entsprechend seiner Würde.* Diese entspricht Gott, der sie in der Ordnung des Universums anwendet.

Selbst wenn Gott also jemandem das Gebührende gibt, im Sinne der distributiven Gerechtigkeit, ist Er niemandem schuldig, weil Er niemandem untergeordnet ist, sondern alle Seiende sind Ihm untergeordnet.[52]

Er ordnet mit Seiner Weisheit alles, wovon Seine Weisheit das Gesetz ist. Er ordnet auch jedem Geschöpf alles zu, was seinem Sein und Wert entspricht; aber diese zweite Ordnung hängt von der ersten ab, denn nichts entspricht etwas, es sei denn aufgrund der göttlichen Weisheit, die die Erste Weisheit ist. Und deshalb, obwohl Gott jedem das gibt, was ihm zusteht, schuldet Gott nichts, denn Er ist von nichts abhängig, sondern alles ist auf Ihn ausgerichtet.[53]

In der *Summa contra Gentiles* Buch I, Kapitel 93, Nummer 6 sagt Sankt Thomas:

Darüber hinaus wurde oben gezeigt, dass Gott, weil Er etwas will, auch das will, was dafür notwendig ist. Aber das, was für die Vollkommenheit jeder Sache notwendig ist, gehört ihr zu. Daher gibt es Gerechtigkeit in Gott, zu der es gehört, jedem das zu geben, was ihm zukommt. Daher heißt es in einem Psalm (30,8): "Der Herr ist gerecht und liebt die Gerechtigkeit."

In der *Summa contra Gentiles* Buch II, Kapitel 28 und 29 begründet Thomas von Aquin die folgende Aussage: *Gott operiert nicht notwendigerweise bei der Erschaffung der Dinge, als würde Er sie aus Pflichtbewusstsein erschaffen.* Mit anderen Worten: Als ob Er für die Seienden eine Verbindlichkeit zu erfüllen hätte. Er widerlegt den Fehler derer, die behaupten, dass *Gott nur das tun kann, was Er tut, weil Er nur tun kann, was Er muss.* Kurz gesagt, der Angelische Doktor behauptet, dass Gott aus einem freien Willensakt erschafft, nicht weil Er aus Gerechtigkeit erschaffen muss. Er gibt das Sein, weil Er es will, nicht weil Er es jemandem, etwas oder sich selbst schuldet. Gott ist niemandem etwas schuldig. Schauen wir uns das genauer an:

1-Aristoteles sagt in seiner *Nikomachischen Ethik* Buch V, dass die Gerechtigkeit in Beziehung zu einem anderen steht, dem sie gibt, was ihm zusteht. Nun ist Gott die unverursachte Erste Ursache aller Seienden durch einen absolut freien Akt Seines Willens; und das einzige notwendige Sein (Dritter Weg). Daher kann kein Subjekt angenommen werden, dem Gott etwas schuldet und für das Er alle Seienden erschaffen hat. Folglich konnte die universelle Produktion der Seienden nicht aus einer Verpflichtung Gottes in Gerechtigkeit hervorgehen.

2-Die Akt der Gerechtigkeit besteht darin, jedem das zu geben, was ihm zusteht. Diese Akt geht notwendigerweise einer anderen Akt voraus, bei der sich jemand etwas aneignet. So arbeite ich für jemanden, der meine Arbeit mit einem Lohn vergilt. Die Zahlung des Lohns ist eine Akt der Gerechtigkeit, die nur erfolgen konnte, weil ich zuvor gearbeitet habe, um es zu verdienen. Daher ist es keine Akt der Gerechtigkeit, wenn jemand sich etwas ohne vorherige Verbindlichkeit aneignet.Wenn Gott das Sein in einem Seienden bewirkt, beginnt dieses zum ersten Mal, etwas als sein Eigenes zu haben: die Existenz, das eigene Sein. Daher konnte die allgemeine Produktion der Dinge nicht aus einer Verbindlichkeit der Gerechtigkeit hervorgehen.

3-Niemand schuldet einem anderen etwas, es sei denn, er ist auf irgendeine Weise von ihm abhängig oder erhält etwas von ihm oder einem Dritten, aufgrund dessen er dem anderen etwas schuldet. Zum Beispiel schuldet der Sohn den Eltern, weil er von ihnen das Sein empfangen hat; der Arbeitgeber dem Angestellten, weil er von ihm die Dienstleistung erhält, die er benötigt; und jeder Mensch dem Nächsten durch Gott, von dem wir alle Güter empfangen. Gott jedoch ist ewig und vollkommen, dasselbe subsisterende Sein, das von niemandem abhängig ist und nichts benötigt, was er von einem anderen erhalten muss. Daher konnte die allgemeine Produktion der Dinge nicht aus einer Verbindlichkeit der Gerechtigkeit hervorgehen.

4-Wer aus Pflichtbewusstsein handelt, handelt nicht von selbst, sondern für einen anderen, dem er verpflichtet ist. Aber Gott ist das einzige Sein, das von sich selbst bestehend und unverursacht ist. Nur Gott handelt von sich selbst und für sich selbst, ohne dass es notwendig ist, etwas oder jemanden zu benötigen. Nun, wer aus Pflichtbewusstsein handelt, handelt nicht von selbst, sondern für einen anderen, dem er verpflichtet ist. Daher hat Gott, der die Erste Ursache und der Erste Agent ist, die Dinge im Sein nicht aus einer Verpflichtung der Gerechtigkeit erschaffen.

5-Gott bewirkt die Dinge im Sein, weil Er es frei will. Es ist nicht notwendig, dass, wenn Gott will, dass seine Wille existiert, Er auch möchte, dass andere Dinge außerhalb von Ihm existieren: das Antezedens dieser bedingten Aussage ist notwendig, aber nicht das Konsequens. Dasselbe gilt für die göttliche Güte. Diese zwingt Gott nicht dazu zu schaffen. Als hätte Er eine Verbindlichkeit gegenüber sich selbst: Da Gott Seine Güte will, möchte Er zwangsläufig alles andere. Daher ist die Produktion der Geschöpfe keine unvermeidliche Pflicht der göttlichen Güte.

6-*Darüber hinaus wurde gezeigt, dass Gott die Dinge nicht aus der Notwendigkeit der Natur, noch aus der Notwendigkeit Seines Wissens, Seines Willens oder Seiner Gerechtigkeit heraus ins Sein bringt. Daher ist es aufgrund keiner Art von Notwendigkeit die Pflicht der göttlichen Güte, die Dinge ins Sein zu bringen.*

In Gott existiert Barmherzigkeit. Die Barmherzigkeit wird Ihm nicht als Gefühl zugeschrieben, wie es bei menschlichen Kreaturen der Fall ist, sondern als eine Wirkung Seiner unendlichen Güte.

In der *Summa Theologica* II-II, q.30 a.1 Resp. *ab initio* lehrt Thomas von Aquin, basierend auf den Worten des heiligen Augustinus:

Barmherzigkeit ist aufrichtige Sympathie für das Leid eines anderen, die uns dazu antreibt, ihm beizustehen, wenn wir können. Denn Barmherzigkeit leitet sich von der Bezeichnung eines mitfühlenden Herzens (miserum cor) für das Unglück eines anderen ab.

Zu sagen, dass jemand barmherzig ist, bedeutet zu sagen, dass er Mitgefühl mit dem Elend anderer hat. Dass es ihn traurig macht, als wäre es sein eigenes. Es ist eine Art von Traurigkeit. Aber in Gott kann Traurigkeit nicht existieren. Daher kann man nicht sagen, dass Gott barmherzig ist**, in diesem Sinne**.

Zu sagen, dass jemand barmherzig ist, bedeutet auch zu sagen, dass er das Elend anderer vertreiben möchte, als wäre es sein eigenes. Dies ist die Wirkung der Barmherzigkeit. **In diesem Sinne** kann Barmherzigkeit Gott zugeschrieben werden. Gott möchte das Elend anderer vertreiben, vorausgesetzt, dass wir unter Elend jeden Mangel verstehen. Und die Mängel verschwinden nur durch die Vollkommenheit irgendeiner Güte. Und der Hauptursprung des Guten ist Gott.[54]

Das, was wir Barmherzigkeit nennen, ist eine Traurigkeit über das Übel des Nächsten, als ob wir es selbst erleiden würden, und diese Traurigkeit führt uns dazu, das Übel, das uns auf diese Weise betrifft, vom Nächsten fernzuhalten. Nun, traurig zu sein ist ein Zustand der Sensibilität, der Gott nicht zugeschrieben werden kann. Aber das Übel abzulehnen ist eine Wirkung der Macht, die Ihm im höchsten Maße angemessen ist, da Er die Erste Ursache ist, und es ist eine Wirkung der Güte, die Ihm ebenfalls im höchsten Maße angemessen ist, da Er das höchste Gut ist.[55]

Barmherzigkeit muss von Mitleid unterschieden werden, das in Gott nicht existieren kann. Das sensible Mitleid findet sich bei den Schwachen, den Ängstlichen, denen, die sich von dem bedroht fühlen, was dem Nächsten widerfährt. Sie betrachten die Leiden anderer instinktiv als ihre eigenen Leiden und teilen sie. Sie fühlen mit den Leiden ihrer Mitmenschen und Nächsten mit, weil sie denken, dass auch sie diese Leiden erleiden könnten. Im Gegensatz dazu neigen Glückliche, Starke dazu, dem sensiblen Mitleid wenig geneigt zu sein, weil sie denken, dass ihnen nichts Böses widerfahren kann.[56]

Wenn Gott mit Barmherzigkeit handelt, handelt Er nicht gegen die Gerechtigkeit, sondern über ihr. Er hebt die Gerechtigkeit nicht auf. Sankt Thomas gibt ein Beispiel: Wenn man jemandem, dem hundert Denare schuldet, zweihundert gibt, handelt derjenige nicht ungerecht, sondern frei und barmherzig. Er hat bereits das gegeben, was er schuldete. Und er hat mehr gegeben. Er war gerecht mit dem, was er zahlen musste. Er war barmherzig mit dem, was er nicht zahlen musste.[57]

In Gott finden wir vier Attribute, die sich auf das Gute beziehen: Güte, Gerechtigkeit, Großzügigkeit und Barmherzigkeit.

Die Güte ist der Ursprung der Mitteilung der göttlichen Güter, unabhängig von der Ordnung, auf die sich diese Mitteilung bezieht. Gott teilt Seine Güter mit, weil Er gut ist.

Die Gerechtigkeit ist diese Mitteilung in dem Maße, wie jedem das gegeben wird, was ihm zusteht.

Die Großzügigkeit ist diese Mitteilung, während nichts sie ausgleicht. Gott gibt, um aufgrund Seiner Güte zu bereichern, aber die Geschöpfe können Ihm nichts geben, um Ihn zu bereichern. Gott gibt, ohne etwas im Gegenzug zu erwarten. In diesem Sinne ist Seine Haltung großzügig gegenüber Seinen Gütern.

Die Barmherzigkeit ist die Wirkung der Güte, die die korrespondierenden Übel bei denen beseitigt, die Gott mit Seinen Gütern begünstigt, als Produkt Seiner Güte.[58]

Zusammenfassung der dargestellten Prinzipien

1-Die Gerechtigkeit ist eine Gewohnheit, durch die jedem das gegeben wird, was ihm zusteht.

2-Analog auf Gott angewendet ist die Gerechtigkeit keine Gewohnheit. Es ist ein operatives Attribut. Darüber hinaus schuldet Gott niemandem etwas aufgrund eines vorherigen Rechts auf Existenz: Niemand kann etwas einfordern.

3-Auf Gott findet die distributive Gerechtigkeit Anwendung, die darin besteht, jedem entsprechend seiner Würde zu geben. Dennoch gibt Gott, aber nicht als Schuldner, denn Er schuldet niemandem etwas und steht niemandem unter, sondern alle Seiende stehen unter Ihm.

4-Gott gibt den Entitäten, was ihnen zusteht, um Seinen Plan für jede Entität umzusetzen. Damit jeder sein besonderes Ziel, das allgemeine Ziel des Universums und das letzte Ziel, die göttliche Güte, erreichen kann. In dieser Hinsicht sollte. Oder besser gesagt, es sollte sich Selbst schulden. Es wäre inkohärent und widersprüchlich, alles auf ein Ziel hin zu ordnen (Fünfte Weg) und jedem Ding nicht das zu geben, was es braucht, um es zu erreichen.

5-Gott handelt nicht notwendigerweise bei der Produktion der Dinge, als würde Er sie aus einem Gerechtigkeitsgebot heraus ins Sein bringen. Gott handelt frei.

6-Barmherzigkeit ist ein göttliches Attribut, überlegen der Gerechtigkeit.

7-Die göttliche Barmherzigkeit besteht im Wunsch Gottes, die Elenden der menschlichen Seele zu vertreiben, das heißt, sie von Mängeln zu befreien. All dies, damit der Mensch sein letztes Ziel erreicht: die göttliche Güte.

8-Wenn Gott mit Barmherzigkeit handelt, handelt Er nicht gegen die Gerechtigkeit, sondern über ihr. Er hebt die Gerechtigkeit nicht auf.

6. GOTT IST FÜRSORGLICH

Vorsehung ist im Allgemeinen die Ordnung der Dinge zum Ziel hin.

(...) ist die Konzeption und Auswahl der Mittel, die eine Sache benötigt, um ihre eigenen Ziele zu erreichen. Es umfasst daher sowohl den Akt des Verstehens, der die Eignung der Mittel für die jeweiligen Ziele kennt, als auch den Akt des Willens, diese Mittel zu wählen.[59]

Es handelt sich um eine komplexe Handlung. Durch sie leitet und lenkt Gott alle Dinge zu seinen eigenen oder spezifischen Zielen und gleichzeitig zu einem allgemeinen Ziel. Sie wird als komplex bezeichnet, weil es eine Handlung ist, die sowohl den Verstand als auch den Willen einbezieht. Der Verstand ordnet die Ziele der Dinge an. Der Wille billigt diese Ordnung und verordnet ihre Ausführung.[60]

Gemäß unserer Sprechweise bezeichnen wir die Vorsehung als die Aufgabe der menschlichen Klugheit, die darin besteht, die Zukunft weise zu ordnen und dabei eine klare Erinnerung an die Vergangenheit und ein klares Verständnis der Gegenwart zu haben.[61]

Die göttliche Vorsehung ist universell, das heißt, es kann kein Seiende, so unbedeutend es auch sein mag, geben, das nicht unter die Vorsehung und Sorge Gottes fällt.

Gott ist Vorsehung, da die Ordnung der Dinge von ihm ausgeht, genauso wie die Substanz der Dinge; dass diese Ordnung andererseits auf der einen Seite die Ausrichtung jedes Phänomens oder jedes Seienden auf die spezifischen Zwecke, denen es dienen soll, voraussetzt, und auf der anderen Seite die Ausrichtung von allem auf das absolut letzte Ziel; dass daher der Grund dieser Ordnung (ratio ordinis), alles, was sie an Intelligibilität als solche einschließt, sein höheres Äquivalent in der Ersten Ursache finden muss.[62]

Sankt Thomas erklärt in der *Summa Theologica* I, q.22 a.1 Resp., dass alle Seiende auf ihr eigenes Ziel ausgerichtet sind, insbesondere auf das letzte Ziel, das die göttliche Güte ist. Diese Ordnungsgrundlage der Seienden auf ihr Ziel und auf das letzte Ziel existiert im Verstand Gottes. Diese Grundlage der Anordnung der Dinge auf das Ziel wird Vorsehung genannt. Es besteht eine klare Beziehung zwischen alledem und dem Fünften Weg.

Die Vorsehung ist mit der Klugheit verbunden, einer Tugend, die die Mittel für die Ziele, die sie erreichen will, ordnet und die Bedürfnisse voraussieht, um sich darum zu kümmern. Sei es das eigene persönliche Ziel oder das, was einer Gruppe oder einer Gemeinschaft entspricht. In letzterem Sinne entspricht die Klugheit Gott und ist das, was wir als Vorsehung bezeichnen. Im ersten Sinne gehört sie ihm nicht, da es in Gott nichts gibt, das auf ein Ziel ausgerichtet ist, da er selbst das letzte Ziel ist.

Die Vorsehung hat ihren Ursprung im Verstand, setzt jedoch den Akt des Wollens des Ziels voraus. Niemand gibt eine Vorschrift über Dinge, die für ein Ziel getan werden, es sei denn, er will dieses Ziel.[63]

Aus der menschlichen Klugheit heraus gewinnen wir die analoge Vorstellung der göttlichen Vorsehung. Der kluge Mensch will zuerst das Ziel und bestimmt dann die Mittel und macht von ihnen Gebrauch. Das heißt: Das Ziel steht in der Absicht an erster Stelle, aber in der Ausführung an letzter Stelle. Auf die gleiche Weise stellen wir uns vor, dass Gott zuerst das Ziel des Universums will und dann die Mittel zum Ziel, das er verwirklichen oder erreichen wollte.[64]

Alle Seiende unterliegen der göttlichen Vorsehung. Dies wird durch Überlegungen über Gott als die Erste Unverursachte Ursache (Zweiter Weg) erklärt. Gottes Kausalität erreicht alle Seiende. Als erster Agent ordnet er die Effekte einem Ziel zu, so weit seine Kausalität reicht. Da die Vorsehung Gottes der Grund für die Ordnung der Seienden auf ein Ziel ist, müssen alle Seiende der göttlichen Vorsehung unterliegen, soweit sie am Sein teilhaben.[65]

Die absolute Allgegenwart der Vorsehung ergibt sich aus der absoluten Allgegenwart der göttlichen Kausalität als die eines intelligenten Agenten.[66]

Die Vorsehung ist die Bewahrung der Freiheit und der freien Akten. Sie sichert unsere Freiheit und setzt sie in Bewegung. Die freie Art unserer Entscheidung ist auch ein Sein, und jedes Sein ist durch Gott.[67]

Die göttliche Vorsehung hat für einige Effekte notwendige Ursachen angeordnet, damit sie notwendigerweise eintreten; für andere Effekte hat sie kontingente Ursachen angeordnet, damit sie entsprechend den Bedingungen der nahen Ursachen kontingent eintreten.[68]

In der *Summa Theologica* I, q.22 a.3 lehrt Sankt Thomas, dass die Ausführung des göttlichen Vorsehungsplans als Regierung bezeichnet wird. Gott regiert.

Zwei Dinge betreffen die Sorge der Vorsehung -nämlich die "Ordnungsratio", die als Vorsehung und Anordnung bezeichnet wird; und die Ausführung der Ordnung, die als Regierung bezeichnet wird. Von diesen beiden ist das erste ewig, und das zweite ist zeitlich.[69]

Um zu regieren, bedient sich Gott einiger Mittel. Er regiert die unteren Dinge durch die höheren. Dies geschieht nicht aus Mangel an seiner Macht, sondern aufgrund seiner Güte, die den Kreaturen die Würde der Kausalität überträgt.

Die göttliche Regierung, wie bereits gesagt, besteht in der Ausführung des göttlichen Vorsehungsplans und hat das Ziel oder den Gegenstand, die Offenbarung der göttlichen Güte (...).[70]

Was die Konzeption und Planung seiner Vorsehung betrifft, so arrangiert Gott sie von selbst. Seine Vorsehung ist unmittelbar. Aber hinsichtlich ihrer Ausführung, das heißt dessen, was wir als die Regierung Gottes bezeichnen, ist seine Vorsehung im Allgemeinen mittelbar. Er bedient sich hauptsächlich der geschaffenen Seienden. Er handelt durch zweite Ursachen, seien sie nahoder fern usw.

Wir können drei Gründe dafür annehmen, dass Gott seine Regierung über die Welt nicht ausübt:

1-Weil er es nicht weiß
2-Weil er es nicht kann
3-Weil er es nicht will

Die ersten beiden Gründe müssen wir ablehnen, da wir andernfalls akzeptieren würden, dass Gott unvollkommen ist. Das ist falsch.

Der dritte Grund widerspricht der göttlichen Güte. Wenn Gott seine Güte allen Seienden mitteilt, dann teilt er ihnen auch die Sorge und Erhaltung derselben mit, denn wer das Höchste will, will auch das Geringere. Ihm seine Güte mitzuteilen und ihnen nicht für ihre Sorge und Erhaltung zu sorgen, bedeutet in der Tat, ihnen seine Güte nicht mitzuteilen. Aber Gott widerspricht sich nicht. Außerdem besteht das Gute und die Vollkommenheit der Seienden nicht in ihrer isolierten Existenz, sondern in den gegenseitigen Beziehungen, in der Unterordnung und Verbindung von einem Seienden zum anderen. Wenn diese Unterordnung und gegenseitigen Beziehungen zwischen den Seienden nicht aus der göttlichen Vorsehung stammen würden, wäre Gott nicht die Erste Ursache aller Vollkommenheiten, die in der Welt existieren.

*Die Regierung Gottes besteht im Akt, durch den Gott allen Dingen gegenwärtig die Mittel zur Verfügung stellt, damit sie potenziell oder faktisch zu ihren eigenen Zielen gelangen können, sei es ein nahes oder ein fernes Ziel. Es ist daher nichts anderes als die Ausführung der göttlichen Vorsehung.*71

Gott regiert die Welt durch Naturgesetze, die wir *allgemeine Gesetze, kosmische Gesetze und besser gesagt Gesetze der göttlichen gewöhnlichen Vorsehung nennen.* Diese Gesetze drücken den Plan der göttlichen

Regierung für die Welt aus, *sodass spezifische physikalische Gesetze als Anwendungen und Ableitungen dieser kosmischen oder vorsehenden Gesetze betrachtet werden können und sollten.*[72]

Diese Gesetze sind:[73]

1-Das Gesetz der Nützlichkeit, das wir im Aphorismus zusammenfassen können: *Die Natur produziert oder handelt nicht vergeblich.*

2-Das Gesetz der Kontinuität. Die Seienden, die die Welt bilden, bilden eine geordnete Skala unter dem Gesichtspunkt ihrer relativen Vollkommenheit. Diese Skala hebt die wesentliche Unterscheidung zwischen ihnen nicht auf.

3-Das Gesetz des ordentlichen Mittels. Gott macht in der Regel nicht unmittelbar die Dinge selbst, die durch zweite Ursachen getan werden können.

4-Das Gesetz der Einheit. Das Universum ist eine Ordnung, die auf ein einziges Ziel zustrebt, das Gott ist.

5-Das Gesetz der Beständigkeit, das zwei Prinzipien umfasst:

5.1. Die Gesetze der Welt und die resultierende Ordnung der Natur ändern sich nicht.

5.2. Der Lauf der Natur und die Anwendung dieser Gesetze sind so konstant, dass sie selten oder nie ausgesetzt werden.

Zusammenfassung der dargelegten Prinzipien

1-Die Vorsehung ist das göttliche operative Attribut, durch das Gott alle Dinge zu seinen eigenen oder spezifischen Zielen und gleichzeitig zu einem allgemeinen Ziel, insbesondere zum letzten Ziel, der göttlichen Güte, lenkt und führt.

2-Sie ist universell. Kein Seiende kann ihr entkommen.

3-Sie involviert Verstand und Willen.

4-Sie ist mit der Klugheit verbunden, einer Tugend, die die Mittel für die Ziele ordnet, die sie erreichen will, und die Bedürfnisse voraussieht, um sich darum zu kümmern. Analog wird sie auf Gott angewendet und wird als Vorsehung bezeichnet.

5-Gott regiert. Die Ausführung seines vorsehenden Plans wird als Regierung bezeichnet. Ihr Ziel ist die göttliche Güte.

6-Gott regiert in einigen Fällen unmittelbar als Hauptursache; mittelbar und hauptsächlich durch zweite Ursachen.

7. GOTT IST ALLMÄCHTIG

Es gibt zwei Arten von Potenz: die aktive und die passive.

Die aktive Potenz ist das Prinzip der Handlung in einem anderen; und die passive Potenz ist das Prinzip, die Handlung eines anderen zu erleiden.

Um eine Handlung zu erleiden, muss man von etwas beraubt sein. Wer empfangen kann, dem fehlt etwas. Dies ist bei Gott, dem vollkommenen Sein, unmöglich. Daher existiert die passive Potenz in Gott nicht. Die aktive hingegen schon. Daher ist es legitim, vom *Macht Gottes* zu sprechen und zu sagen, dass Gott mächtig ist.

Die aktive Potenz steht nicht im Gegensatz zum Akt, sondern gründet sich darauf. Tatsächlich handelt jemand, soweit er im Akt ist. Die passive Potenz steht dem Akt entgegen, da jeder die Handlung eines anderen erleidet, soweit er in Potenz ist.[74]

In Gott befindet sich die aktive Potenz, soweit er in Akt ist. Noch mehr: Er selbst ist Akt. Und nicht irgendein Akt, sondern reiner Akt. Außerdem, wie wir bereits gesehen haben, ist Gott unendlich. Daher muss die aktive Potenz Gottes unendlich sein.

Wenn wir sagen, dass Gott allmächtig ist, verstehen wir, dass Gott alles kann. Diese Aussage bedarf jedoch einer Erläuterung. Die Macht bezieht sich auf das Mögliche. Daher ist es genauer zu verstehen, dass Gott alles kann, was möglich ist.

Möglich kann auf zwei Arten verstanden werden:

1-**Bezogen auf eine bestimmte Macht**. So wird das, was in die Macht des Menschen fällt, als menschlich möglich bezeichnet. In diesem Sinne kann man nicht sagen, dass Gott allmächtig ist. In der Tat kann Gott alles tun, was natürliche Geschöpfe tun können. Und noch viel mehr, denn er ist vollkommen und unendlich.

2-In sich selbst und absolut. Etwas ist möglich, weil das Prädikat dem Subjekt nicht widerspricht. Beispiel: Sokrates sitzt. Etwas ist absolut unmöglich, weil das Prädikat dem Subjekt widerspricht. Beispiel: Der Mensch ist ein Esel.

Jeder Agent handelt entsprechend dem, was er ist. Das Handeln des Subjekts folgt dem Sein des Subjekts. Seine Aktivität ist lediglich eine Emanation des Seins. Daher entspricht jeder aktiven Potenz als ihr eigenes Objekt dem, was nach dem Grund der Akte, auf dem sie beruht, möglich ist. Zum Beispiel: Die Potenz zu heizen bezieht sich auf das, was erhitzt werden kann, und das ist ihr eigenes Objekt.

Im Fall von Gott ist seine aktive Potenz die eines unendlichen Seins, das von keiner Art von Sein begrenzt ist, souverän vollkommen. Alles, was einen Grund des Seins haben kann, fällt als sein eigenes Objekt unter diese aktive Potenz. Und nichts steht im Widerspruch zum Grund des Seins außer dem Nichtsein.

Es folgt, dass das, was als möglich einer beliebigen aktiven Potenz entspricht, ein Objekt ist, das gemäß dem Sein definiert werden muss, dem diese Potenz zugeschrieben wird. So wird das, was als Objekt der Wissenskraft entspricht, als das Erkennbare definiert, und das Erkennbare wird entsprechend der Natur des wissenden Seins definiert. Nun, das Sein, das wir Gott zuschreiben und das für uns der Grund seiner Potenz ist, ist streng genommen unendlich. Es ist bekannt, dass damit jede Definition, jede Begrenzung auf eine Gattung oder Art ausgeschlossen werden soll, und dass in diesem Sein in höchster Weise die Vollkommenheit des Seins enthalten ist. Wenn also das Mögliche durch das Sein definiert wird, wird für Gott alles möglich sein, was einen Grund hat, in irgendeiner Hinsicht, und in jeder Form oder Abwesenheit von Form, die es haben mag.[75]

Demzufolge ist das einzige, was der Vernunft des absolut Möglichen, unterworfen der göttlichen Macht, widerspricht, dasjenige, das in sich selbst und gleichzeitig Sein und Nicht-Sein enthält. **Dies ist es, was nicht**

der Allmacht unterworfen ist. Und nicht, weil es göttliche Unfähigkeit gibt, sondern weil es weder vernünftig noch machbar ist. Zum Beispiel kann Gott keinen quadratischen Kreis machen. In diesem Fall müssen wir sagen, dass ein quadratischer Kreis auf keine Weise gemacht werden kann, weil es dem Wesen beider Figuren widerspricht; und nicht sagen, dass Gott es nicht kann. Alles, was keine Widersprüche beinhaltet, fällt unter die Möglichkeiten, die Gott als allmächtig bezeichnet werden.[76]

Wie oben gesagt wurde (q.7, a.2), fällt nicht unter den Bereich der Allmacht Gottes, was einen Widerspruch impliziert. Nun impliziert es einen Widerspruch zu sagen, dass die Vergangenheit nicht gewesen sein sollte. Denn genauso wie es einen Widerspruch impliziert zu sagen, dass Sokrates sitzt und nicht sitzt, ist es auch ein Widerspruch zu sagen, dass er saß und nicht saß. Aber zu sagen, dass er saß, bedeutet zu sagen, dass es in der Vergangenheit passiert ist. Zu sagen, dass er nicht saß, bedeutet zu sagen, dass es nicht passiert ist. Daher fällt es nicht in den Bereich der göttlichen Macht, dass die Vergangenheit nicht gewesen sein sollte.[77]

In der *Summe gegen die Heiden (Summa contra Gentiles)* Buch II, Kapitel 7, argumentiert der Engelische Doktor aus der folgenden Aussage: *In Gott gibt es eine aktive Potenz.*

1-*Die aktive Potenz ist das Prinzip des Handelns in einem anderen, insofern es ein anderes ist.* Gott ist das Prinzip des Seins aller Dinge (2. und 3. Wege). Daher kann ihm die Fähigkeit zugeschrieben werden, mächtig zu sein. Also gibt es in Gott eine aktive Potenz.

2-Das Seiende handelt, soweit es im Akt ist, und empfängt, soweit es in Potenz ist. Die passive Potenz resultiert aus dem Seienden in Potenz, und die aktive Potenz resultiert aus dem Seienden im Akt. Nun ist Gott reiner Akt. Daher gibt es in Gott eine aktive Potenz.

3-Die göttliche Vollkommenheit enthält in sich alle Vollkommenheiten der Seienden. Die aktive Potenz ist eine von ihnen. Je vollkommener ein

Seiende ist, desto mehr Potenz hat es. Daher kann Gott die aktive Potenz nicht fehlen.

4-*Darüber hinaus hat alles, was handelt, die Kraft zu handeln, da das, was nicht die Kraft zu handeln hat, unmöglich handeln kann; und was unmöglich handeln kann, ist notwendigerweise nicht aktiv. Aber Gott ist ein handelndes und bewegendes Sein, wie im Buch I gezeigt wurde. Daher hat Er die Kraft zu handeln; und aktive, aber nicht passive Potenz wird Ihm richtig zugeschrieben.*

In der *Summe gegen die Heiden* Buch II, Kapitel 8, argumentiert der Engelische Doktor aus der folgenden Aussage: *Die Potenz Gottes ist seine Substanz.* Das heißt, seine Essenz.

1-Die aktive Potenz ist in den Seienden vorhanden, die aus Akt und Potenz zusammengesetzt sind. Seiende, die in der Wirklichkeit aufgrund eines anderen von ihnen verschiedenen Aktes sind. Aber Gott ist nicht zusammengesetzt aus Akt und Potenz. Er ist reiner Akt. Daher ist Er selbst Seine Potenz.

2-Jedes Seiende, das aus Akt und Potenz zusammengesetzt ist, ist durch Teilnahme mächtig. Gott ist jedoch nicht zusammengesetzt und nimmt nicht teil; er ist sein eigenes Sein. Daher ist er selbst seine Potenz.

3-Wir haben bereits gesagt, dass die aktive Potenz Teil der Vollkommenheit des Seienden ist. In Gott ist seine Vollkommenheit sein Sein und daher ist seine Potenz nicht von seinem Sein verschieden. Aber Gott ist sein eigenes Sein. Daher ist Gott seine Potenz.

4-In den Seienden, die aus Akt und Potenz zusammengesetzt sind, ist die Potenz ein Akzidens der Art "Qualität". Aber in Gott gibt es keinen Akzidens. Daher ist Gott seine Potenz.

In der *Summe gegen die Heiden* Buch II, Kapitel 9, argumentiert der Engelische Doktor aus der folgenden Aussage: *Die Potenz Gottes ist seine Handlung.*

1-Dinge, die identisch mit einem Dritten sind, sind untereinander identisch. Wir haben gerade gesehen, dass die göttliche Potenz identisch mit ihrer eigenen Substanz ist. Wir wussten bereits, dass die intellektuelle Handlung Gottes (Verständnis) ebenfalls identisch mit seiner Substanz ist. Nun, dieselbe Überlegung gilt für die anderen göttlichen Handlungen. Daher sind in Gott Potenz und Handlung nicht verschiedene Dinge.

2-Die Handlung einer Entität ist für ihre Potenz das, was die zweiten Akte für die ersten sind. Daher kann man sagen, dass die Handlung eines Seienden eine gewisse Ergänzung seiner Potenz ist. Nun hat die göttliche Potenz keine andere Akt als die, die ihre eigene Potenz ist, denn Gott ist einfacher, reiner Akt, und seine Potenz ist seine Substanz. Daher sind in Gott Potenz und Handlung keine getrennten Dinge.

3-In den Seienden, die aus Akt und Potenz zusammengesetzt sind, ist die Handlung nicht die Substanz des Seienden. Im Gegenteil, sie ist in ihm wie ein Akzidens inhaftiert. Aber in Gott gibt es keine Akzidens. Daher unterscheidet sich die Handlung Gottes nicht von seiner Substanz und Potenz.

In der *Summe gegen die Heiden* Buch II, Kapitel 25, argumentiert der Engelische Doktor aus der folgenden Aussage: *Was der Allmächtige nicht kann.*

1-Nur in den Seienden, die aus Akt und Potenz zusammengesetzt sind, gibt es die Potenz, etwas anderes zu sein. In Gott gibt es jedoch keine passive Potenz, sondern nur aktive. Daher kann er in Bezug auf seine Essenz nichts tun. Daher kann der allmächtige Gott kein Körper oder Ähnliches sein.

2-Die Akt der passiven Potenz ist die Bewegung. Aber wir wissen, dass es in Gott keine passive Potenz gibt und dass er der Erste unbewegliche

Beweger ist (Erster Weg). Daher kann er sich nicht auf irgendeine Weise bewegen oder auf irgendeine Weise verändern: Er kann nicht zunehmen, abnehmen, sich verändern, geboren werden, korrupt werden, usw.

3-*Jeder Mangel impliziert eine gewisse Privation. Das Subjekt der Privation ist die Potenz der Materie.* Gott ist absolut immateriell. *Daher kann er auf keine Weise einen Mangel erleiden.*

4-Gott ist keineswegs beraubt einer Perfektion, die die Geschöpfe genießen. *Da Ermüdung ein Mangel an Kraft ist und Vergessenheit ein Mangel an Erinnerung, ist offensichtlich, dass er sich nicht müde machen oder vergessen kann.*

5-*Er kann auch nicht besiegt oder gezwungen werden, denn dies sind Dinge, die naturgemäß veränderlich sind. Ebenso kann er sich nicht bereuen, nicht wütend werden oder nicht traurig werden, da all dies nach Passivität und Mangel klingt.*

An dieser Stelle stellt Sankt Thomas das folgende Prinzip auf: Gott kann nicht das tun, was dem Seinwollen widerspricht, insofern er Sein ist, oder was dem Sein des Geschaffenseins widerspricht, insofern es Geschaffensein ist. Im Folgenden einige Beispiele:

6-Gegenteil zerstört. Das Gegenteil zum Sein ist das Nicht-Sein. Daher kann Gott nicht bewirken, dass ein und dasselbe Ding gleichzeitig ist und nicht ist. Es ist unmöglich, dass diese beiden widersprüchlichen Aussagen gleichzeitig in der Realität zutreffen.

7-Aus dem gleichen Grund kann Gott nicht machen, dass die Gegensätze gleichzeitig in demselben und im gleichen Sinne sind. Zum Beispiel kann Gott nicht machen, dass etwas gleichzeitig schwarz und weiß ist; oder dass eine Person gleichzeitig sieht und blind ist.

8-Gott kann auch nicht machen, dass einer Sache einer ihrer wesentlichen Prinzipien fehlt und dass die Sache dennoch dieselbe bleibt. In diesem

Sinne kann er nicht machen, dass ein Mensch keine Seele hat. Wenn er keine Seele hat, ist er eine Leiche. Es ist nicht mehr derselbe Mensch.

9-Gott kann auch nicht gegen die Prinzipien einiger Wissenschaften handeln. Diese leiten sich aus der Essenz ihres Forschungsgegenstands ab. Und er führt aus, dass *Gott nicht machen kann, dass die Gattung nicht von der Art ausgesagt wird, oder dass die Linien, die vom Zentrum zur Umkreislinie gezogen sind, nicht gleich sind, oder das rechtwinklige Dreieck hat nicht drei Winkel, die zwei rechten Winkeln entsprechen.*

10-*Dies zeigt auch, dass Gott nicht machen kann, dass das Vergangene nicht war, denn auch dies beinhaltet einen Widerspruch, weil dieselbe Notwendigkeit impliziert, dass etwas ist, während es ist, wie dass etwas war, während es war.*

11-Gott kann keinen Gott machen. Das widerspricht dem Grund des Gemachtseins. Denn dem Grund des Gemachtseins entspricht immer eine Ursache, die das Gemachte erklärt. Aber es widerspricht dem Grund dessen, den wir Gott nennen, irgendeine Ursache zu haben. Ein Gott kann nicht gemacht werden.

12-*Aus dem gleichen Grund kann Gott nichts machen, was ihm gleich ist, weil das, dessen Sein nicht von einem anderen abhängt, mehr Sein und mehr Kategorie repräsentiert als das, was von ihm abhängt, wie das geschaffene Sein.*

13-Gott kann nicht machen, dass etwas im Sein bleibt, ohne dass er selbst es erhält. Es ist klar, dass die Erhaltung des Seins jeder Sache von ihrer Ursache abhängt. Entfernt man die Ursache, verschwindet die Wirkung. Folglich: Wenn etwas sein könnte, das nicht durch Gott in seinem Sein erhalten wird, wäre eine solche Sache nicht die Wirkung Gottes als ihrer Ursache.

14-Wir wissen, dass Gott frei handelt. Daher tut Gott nicht, was unmöglich ist, dass er es will. Und was Gott absolut will, ist er selbst, und alles andere mit hypothetischer Notwendigkeit. Daher ist es unmöglich, dass Gott will, dass er nicht existiert, oder dass er nicht gut oder glücklich ist; weil er notwendigerweise und absolut existieren, gut und glücklich sein will.

15-Gott will nur das Gute für alle. Es ist unmöglich, dass er das Böse wirkt.

Zusammenfassung der dargelegten Prinzipien

1-Es gibt zwei Arten von Potenz: die aktive und die passive.

2-Die aktive Potenz ist das Prinzip der Handlung gegenüber einem Anderen; die passive Potenz ist das Prinzip, die Handlung eines Anderen zu erleiden.

3-In Gott gibt es nur aktive Potenz. Diese ist Seine Macht. Daher sprechen wir von der Macht Gottes und sagen, dass Gott mächtig ist.

4-Gott ist allmächtig, weil Er alles kann.

5-Die Macht Gottes bezieht sich auf das Mögliche. Wenn wir sagen, dass Gott alles kann, ist es genauer zu verstehen, dass Er alles kann, was möglich ist.

6-Das Einzige, was dem Vernunftgemäßen des absolut Möglichen, unterworfen der göttlichen Potenz, widerspricht, ist dasjenige, das in sich selbst gleichzeitig das Sein und das Nichtsein enthält. Dies unterliegt nicht der Allmacht. Zum Beispiel: einen Menschen ohne Seele zu erschaffen oder einen quadratischen Kreis zu schaffen.

7-Die Potenz Gottes ist Seine Substanz. Seine Essenz.

8-Die Potenz Gottes ist Seine Handlung. Und dementsprechend ist sie auch Seine Essenz.

8. GOTT IST GLÜCKSELIG

Gott ist glücklich oder glückselig.

Die Glückseligkeit ist das eigene Gut jeder intellektuellen Natur. Daher wird, da Gott intelligent ist, Sein eigenes Gut die Glückseligkeit sein. Und da Er dies in höchstem Maße ist, gebührt Ihm die Glückseligkeit in höchstem Maße.[78]

Gott steht nicht in Beziehung zu Seinem eigenen Gut, als ob Er es erobern müsste. Er sucht es nicht, als ob Er es nicht hätte. Dies ist typisch für bewegliche Sein, nicht für den ersten unbeweglichen Beweger. Daher begehrt Er die Glückseligkeit nicht nur wie wir, sondern genießt sie auch.[79]

Tatsächlich ist das, was wir Glückseligkeit nennen, nichts anderes als das vollkommene Gut einer Natur, die fähig ist, das zu genießen, was sie besitzt.[80]

Eine Glückseligkeit kann wahr oder falsch sein.

Eine Glückseligkeit ist falsch, weil sie nicht das Eigene der wahren Glückseligkeit vereint. In diesem Sinne gehört sie nicht zu Gott. Dennoch existiert sie in allem, was auch nur geringfügige Ähnlichkeit mit der wahren Glückseligkeit hat, vollständig in der göttlichen Glückseligkeit.[81]

So wie alle Dinge ihre Vollkommenheit begehren, so begehrt auch die intellektuelle Natur, glückselig zu sein. Das Vollkommenste in der intellektuellen Natur ist die intellektuelle Operation. Durch sie erfasst unser Verstand auf gewisse Weise alles. Daher besteht die Glückseligkeit jeder geschaffenen intellektuellen Natur darin, zu verstehen. In Gott sind Sein und Verstehen dasselbe. Sie unterscheiden sich nur konzeptuell, aber nicht wirklich. Daher sollte man Gott die Glückseligkeit aufgrund des Verstehens zuschreiben. Ebenso sollte man sie den anderen Glückseligen zuschreiben, die so genannt werden, weil sie an der göttlichen Glückseligkeit teilhaben.[82]

Im Akt des Verstehens muss man unterscheiden:

1-**Das Objekt des Akts: das Intelligible**. Das ist Gott. Der Mensch, als intellektuelle Natur, ist nur deshalb glückselig, weil er Gott versteht.

2-**Den Akt selbst: das Verstehen**. Das ist der Akt dessen, der versteht. Die Glückseligkeit ist das Geschaffene in den glückseligen Geschöpfen.[83]

Das Ende ist zweifach, nämlich "objektiv" und "subjektiv", wie der Philosoph sagt (Greater Ethics I, 3), nämlich "die Sache selbst" und "ihre Verwendung". So ist für einen Geizhals das Ende das Geld und dessen Erwerb. Gott ist in der Tat das letzte Ziel einer vernünftigen Kreatur, als die Sache selbst; aber die geschaffene Glückseligkeit ist das Ziel, als die Verwendung oder vielmehr die Frucht der Sache.[84]

Alles, was in jeder Glückseligkeit, sei es wahr oder falsch, wünschenswert ist, existiert vollständig und erhaben in der göttlichen Glückseligkeit.

Gott besitzt alle Formen von Glückseligkeit oder Freude, die existieren können:

1-**Kontemplativ**: weil Er alles ununterbrochen und mit einer äußerst klaren Sicht betrachtet.

2-**Aktiv**: weil Er das ganze Universum regiert.

3-**Zeitlich**: die aus Freuden, Reichtümern, Macht, Würde und Ruhm besteht. Gott hat alle Freuden, die jemand haben kann. Also, was Reichtum betrifft, hat Er den gesamten Reichtum, den Reichtum bieten kann; was Macht betrifft, ist Er allmächtig; was Würde betrifft, sind alle Grade in Ihm; und was Ruhm betrifft, wird Er von allen bewundert.[85]

Gott, weil Er unendlich ist und alle möglichen Vollkommenheiten enthält, genügt sich selbst und braucht andere nicht, um das Glück zu besitzen, umso mehr, als das Glück nichts anderes ist als der Besitz aller Güter.[86]

In der *Summa contra Gentiles* Buch I, Kapitel 100, argumentiert Sankt Thomas, warum Gott glückselig ist:

1-Boethius sagt, dass die Glückseligkeit der perfekte Zustand ist, der alles Gute umfasst. In der Tat beruhigt die Glückseligkeit jegliches Verlangen. Nachdem man sie besessen hat, bleibt nichts zu wünschen übrig, da sie das letzte Ziel ist. Daher muss derjenige, der in allem vollkommen ist, glückselig sein. Das ist Gott, der in Seiner Einfachheit alle Vollkommenheit besitzt. Daher ist Gott glückselig.

2-Niemand ist glückselig, solange ihm etwas fehlt, denn in diesem Fall wäre sein Verlangen nicht befriedigt. Wer sich selbst genügt, ohne etwas zu brauchen, der ist glückselig. Gott ist äußerst vollkommen, Er braucht nichts und niemanden. Seine Vollkommenheit hängt von nichts Außersich liegendem ab. Daher ist Gott glückselig.

3-Es wird oft gesagt, dass *jemand glückselig ist, der das hat, was er will, und nichts Schlechtes will.* Wir haben bereits gesehen, dass Gott nichts Unmögliches wollen kann. Es ist unmöglich, dass Gott etwas widerfährt, das Er zuvor nicht hatte, da Er in keiner Weise potenziell ist. Er hat alles, was Er braucht. Er kann nichts wollen, das Er nicht hat. Alles, was Er also will, hat Er. Daher ist Gott glückselig.

Gott kann existieren und das höchste Gut und unendliches Glück besitzen, unabhängig von jeder Kreatur, weil keine neue Vollkommenheit in Ihm entsteht, noch wird Ihm etwas hinzugefügt durch die Existenz neuer endlicher Sein (...).[87]

In der *Summa contra Gentiles* Buch I, Kapitel 101 argumentiert Sankt Thomas über diese Aussage: Gott ist nicht nur glückselig, sondern Er ist Seine eigene Glückseligkeit:

1-Die Glückseligkeit ist das eigene Gut jedes intelligenten Verstandes, das er durch seine intellektuellen Operationen erreicht. In Gott gibt es keine Zusammensetzung: Sein Verstand und die Operationen desselben sind Seine Essenz. Daher ist Er Seine eigene Glückseligkeit.

2-Die Glückseligkeit ist das eigene Gut jeder intellektuellen Natur. Als solche ist sie das, was jeder, der sie von Natur aus hat oder haben kann, am meisten begehrt. Aber wir haben im Kapitel über den Willen Gottes gezeigt, dass Gott, wenn Er will, Seine Essenz will. Daher ist Seine Essenz Seine Glückseligkeit.

3-Jeder ordnet seinem Glückseligkeit alles zu, was er will. Sie ist das, was begehrt wird und worin das Verlangen endet. Da Gott alle Dinge durch Seine Güte will, die Seine Essenz ist, muss Er selbst, als Seine Essenz und Seine Güte, auch Seine Glückseligkeit sein.

4-Es wurde gezeigt, dass Gott das Höchste Gut ist. Und dass die Glückseligkeit das höchste Gut ist, wird durch die Tatsache, dass sie das letzte Ziel ist, gezeigt. Dann sind Glückseligkeit und Gott dasselbe. Folglich ist Gott Seine Glückseligkeit.

Gott ist souverän glückselig. Glückseligkeit ist die vollkommene Freude einer intellektuellen Natur, die ihre Befriedigung im Gut findet, das sie besitzt, die weiß, dass kein vorübergehendes Unfall sie erreichen kann, und die immer Herrin ihrer Handlungen ist. All diese Bedingungen der Glückseligkeit finden sich in Gott, da Er die Perfektion und Intelligenz an sich ist (Ia, quaest. 26, art. 1).[88]

In der *Summa contra Gentiles* Buch I, Kapitel 102 argumentiert Sankt Thomas zugunsten dieser Aussage: *Die göttliche, vollkommene und einzigartige Glückseligkeit übertrifft jede andere.* Nämlich:

1-Etwas ist umso glückseliger, je näher es der Glückseligkeit kommt. Das Nächste zur Glückseligkeit selbst ist die Glückseligkeit selbst, wie wir bereits gezeigt haben, dass Gott die Glückseligkeit selbst ist. Wir wissen, dass Gott die Glückseligkeit selbst ist. Daher ist Er in einzigartiger Weise perfekt glückselig.

2-Genuss wird durch Liebe verursacht, wie bereits gezeigt wurde. Wo mehr Liebe ist, gibt es auch mehr Freude, wenn man das Geliebte erreicht. Jeder liebt sich selbst mehr als andere. Und er liebt mehr, was ihm näher ist. In Gott geschieht es, dass Gott sich in Seiner Glückseligkeit, die Er selbst ist, mehr erfreut als die anderen Glückseligen in der Glückseligkeit, die nicht das ist, was sie sind. Also wird im Fall Gottes das Verlangen nach Glückseligkeit mehr befriedigt, und sie ist vollkommener.

3-Was aufgrund seiner Essenz ist, ist besser als das, was durch Teilnahme zu sein scheint. Gott ist durch Seine Essenz glückselig, die anderen Seienden sind es durch Teilnahme an der göttlichen Glückseligkeit. Daher übertrifft die göttliche Glückseligkeit jede andere Glückseligkeit.

4-Mit einer einzigen Akt versteht Gott sich selbst so vollkommen, wie Er ist. Und Er versteht alles andere, ob es existiert oder nicht, ob es gut oder schlecht ist. Bei den Seienden ist das Verstehen selbst nicht subsistent, sondern Akt des Subsistenten. Das heißt, Akt des intelligenten Seiende. In Gott ist Sein Verstehen Seine Essenz oder Seine göttliche Substanz selbst. Niemand kann den gleichen Gott verstehen, der das höchste Intelligible ist, so vollkommen verstehen wie die Vollkommenheit, die Er hat. Im Gegensatz dazu kann die Handlung eines Seienden nie perfekter sein als seine unvollkommene Substanz. Es gibt keine Erkenntnis, die alles, was Gott tun kann, so verstehen kann wie Er, da sie dann die Unendlichkeit seiner Macht erfassen würde. Und das ist unmöglich. Kein anderes Verständnis kann wie Gott mit einer einzigen und einheitlichen Handlung alles verstehen, was Er weiß. Daher belegen diese göttlichen Vollkommenheiten in Seinem Verständnis, das Seine Essenz und Seine Handlungen und Seine Glückseligkeit ist, dass Gott unvergleichlich glückseliger ist als alles andere.

5-Gott ist ewig. Sein Verstehen hat keine Abfolge, da alles gleichzeitig ewig existiert. Im Gegensatz dazu hat unser Verstehen eine Abfolge, da wir der Zeit unterworfen sind. Daher übertrifft die göttliche Glückseligkeit die menschliche unendlich, wie die Dauer der Ewigkeit die Zeit übertrifft.

6-Darüber hinaus zeigen Ermüdung und die verschiedenen Sorgen, mit denen zwangsläufig unsere Betrachtung in diesem Leben vermischt ist (in dieser Betrachtung besteht die menschliche Glückseligkeit besonders, wenn es sie zufällig im gegenwärtigen Leben gibt), und die Fehler, Zweifel und Gefahren, denen das gegenwärtige Leben ausgesetzt ist, dass die menschliche Glückseligkeit, insbesondere die des gegenwärtigen Lebens, überhaupt nicht mit der göttlichen Seligkeit verglichen werden kann.

7-Die göttliche Glückseligkeit umfasst alle Glückseligkeiten auf perfekteste Weise. Als kontemplativ hat sie ein perfektes Verständnis von sich selbst und von allem anderen. Als aktiv regiert sie nicht das Leben eines Menschen oder eines Hauses, einer Stadt oder eines Reiches, sondern das ganze Universum. Daher übertrifft die göttliche Glückseligkeit jede andere.

8-Die irdische Glückseligkeit ist ein Schatten der göttlichen Glückseligkeit. Sie besteht laut Boetius im Besitz von fünf Gütern: Vergnügen, Reichtum, Macht, Würde und Ruhm. Nun, Gott besitzt sie alle. In Bezug auf das Vergnügen hat Gott eine hervorragende Freude an sich selbst, dazu eine universelle Freude an allen Gütern, ohne jede Beimischung von Gegenteiligem. In Bezug auf Reichtum hat Er in sich selbst eine unendliche Fülle von Gütern. In Bezug auf Macht hat Er unendliche Macht. In Bezug auf Würde hat Er die Vorherrschaft und die Herrschaft über alles Sein. In Bezug auf Ruhm hat Er die Bewunderung aller Intelligenzen, wie auch immer sie Ihn kennen.

Zusammenfassung der dargelegten Prinzipien

1-Glückseligkeit oder Glück ist das eigene Gut jeder intellektuellen Natur.

2-Wie alles nach seiner Vollkommenheit strebt, so strebt auch die intellektuelle Natur danach, glückselig zu sein.

3-Das Vollkommenste in der intellektuellen Natur ist die intellektuelle Handlung. Durch sie erfasst unser Verständnis in gewisser Weise alles. Daher besteht die Glückseligkeit jeder geschaffenen intellektuellen Natur im Verstehen.

4-Gott besitzt alle Formen von Glückseligkeit oder Freude, die existieren können: kontemplativ, aktiv und zeitlich.

5-Gott genügt sich selbst und bedarf keines anderen, um glücklich zu sein: Gott ist Seine eigene Glückseligkeit.

ZUM ABSCHLUSS

1-Was wird als göttliche Wissenschaft bezeichnet?
Die göttliche Wissenschaft bezieht sich auf das göttliche Wissen und Verstehen.

2-Wie vergleicht sich die göttliche Wissenschaft mit der menschlichen Wissenschaft?
In Gott ist die Wissenschaft nicht wie eine Qualität oder Gewohnheit im Menschen, sondern sie ist Wesen und reiner Akt. Sie übertrifft unendlich das begrenzte Wissen und Verstehen des Menschen.

3-Wann kennt ein Seiende mehr?
Ein Seiende kennt mehr, je weiter es von der Materie entfernt ist. Dies geschieht, weil die Materie es darauf beschränkt, nur die materiellen Formen zu empfangen. Daher weiß der Mensch mehr als die Tiere, aber weniger als die Engel.

4-Wer hat den höchsten Grad des Wissens?
Dies hat Gott, weil Er absolut immateriell und unendlich ist. Niemand kann eine solche Tiefe im Wissen erreichen.

5-Was ist der Unterschied zwischen menschlichem und göttlichem Verständnis?
Im menschlichen Geschöpf ist das Verständnis in Akt und das Objekt des Verständnisses in Potenz. Aber bei Gott ist das nicht so. Denn in Gott gibt es keine Potenz. Also sind sowohl das Verständnis als auch das Verstandene in Ihm genau dasselbe.

6-Versteht Gott sich selbst vollkommen?
Ja, Gott und nur Er versteht sich selbst vollkommen. Oder anders ausgedrückt: Gott ignoriert nichts von dem, was Er ist.

7-Was wird der göttischen Essenz hinzugefügt, wenn Er versteht?

Wenn Gott versteht, wird Seiner Essenz nichts hinzugefügt. In Gott sind Sein Verständnis, das Bekannte, die intelligible Art und das Verstehen selbst vollständig eins und dasselbe.

8-Kennt Gott die Dinge an sich selbst?
Nein, Er kennt sie nicht an sich selbst.

9-Warum?
Weil die Dinge die Erkenntnis Gottes nicht bestimmen. Sie könnten Ihn nie dazu bringen, sie zu kennen, denn Er ist unveränderlich. Außerdem zu behaupten, ist gleichbedeutend damit zu sagen, dass sie als Ursache für das Wissen Gottes wirken. Und Er ist unverursacht.

10-Wie kennt Gott die Dinge?
Gott kennt die Dinge als Teilhaber an Seinem unendlichen Sein. Als Wirkungen dessen, der die Erste Ursache ist. Er kennt alles in sich selbst und durch sich selbst. Da Er in sich selbst alle Vollkommenheiten hat, die in den Dingen sein können, und noch viele mehr, kann Er alles in sich selbst mit eigenem Wissen erkennen.

11-Kennt Gott wie die Geschöpfe?
Nein, Gott kennt nicht wie die Geschöpfe.

12-Worin unterscheiden sie sich?
Die Geschöpfe kennen durch einen doppelten Prozess: 1-Wir kennen durch Sukzession. Wenn wir etwas kennenlernen, gehen wir dazu über, etwas anderes zu kennenlernen. 2-Wir kennen durch Kausalität. Über Prinzipien gelangen wir zu Schlussfolgerungen. Anders gesagt, wir folgern, um zu erkennen. Gott folgert nicht. Obwohl Er alle Schlussfolgerungen und Vernunftüberlegungen kennt.

13-Wie kennt Gott, wenn Er nicht denkt wie die Geschöpfe?
Der erste diskursive Prozess kann Gott nicht entsprechen. Denn Er kennt alles auf einmal, nicht nacheinander. Er ist ewig, außerhalb der Zeit. Der zweite diskursive Prozess kann Ihm auch nicht entsprechen. Denn Gott

kennt in Sich selbst alle Wirkungen, von denen Er die Erste Ursache ist. Er kennt die Schlussfolgerungen bereits, bevor Er über die Prinzipien nachdenkt. Gott kennt alle Dinge, indem Er Seine Essenz sieht. Und Er kennt Seine Essenz nicht durch Zusammensetzen und Teilen, da in Ihm keine Zusammensetzung ist.

14-Kennt Gott alles?
Ja, Gott kennt alles, selbst das Nichtexistente.

15-Kennt Gott das Böse?
Ja, Gott kennt auch das Böse, obwohl es Ihm absolut fremd ist und Er nicht die Ursache davon sein kann.

16-Wie kennt Gott das Böse?
Gott kennt das Böse durch das Gute, von dem das Böse Seine Privation ist. Und Er kennt es so, wie man Dunkelheit durch Licht kennt. Er würde das Gute nicht vollkommen kennen, wenn Er ignorieren würde, was es verderben könnte.

17-Kennt Gott mögliche Seiende?
Ja, Gott kennt mögliche Seiende.

18-Wie wird dieses göttliche Wissen genannt?
Diese göttliche Erkenntnis wird als <u>Wissenschaft der einfachen Intelligenz</u> bezeichnet, da sie keinen Akt des Willens oder die Existenz ihres Objekts voraussetzt.

19-Wie kennt Gott mögliche Seiende?
Er kennt sie so wie der Künstler, der ein Werk konzipiert hat, die verschiedenen möglichen Arten kennt, wie er es in der außerverstandlichen Realität konkretisieren kann.

20-Was ist die Wissenschaft der Vision in Gott?
In Gott wird Sein Wissen als **Wissenschaft der Vision** bezeichnet, insofern es alle Seiende umfasst, die sind, waren oder sein werden.

21-Ist Gott intelligent?
Ja, Gott ist intelligent.

22-Warum?
Weil er über der Materie erhaben ist und fähig ist, immateriell die materiellen Formen anderer Seiender zu empfangen. Die Erkenntnis steigert sich in Vollkommenheit, je spirprueller das Subjekt ist. Und wenn wir zu Gott kommen, der frei von jeglicher Materie und jeder Essenz ist, die die Vollkommenheit einschränkt, haben wir den reinen Akt in der intellektuellen und ontologischen Ordnung.

23-Ist die Erkenntnis Gottes gewohnheitsmäßig?
Nein, die Erkenntnis Gottes ist nicht gewohnheitsmäßig.

24-Warum?
Unter anderem deshalb, weil die Gewohnheit eine gewisse Qualität ist. Aber Gott kann weder eine Qualität noch irgendein Attribut empfangen.

25-Erkennt Gott auf eine Weise, die synthetisiert und analysiert?
Nein, Gott erkennt nicht auf eine Weise, die synthetisiert und analysiert.

26-Warum?
Einer der vielen Gründe, die der Angelische Doktor gegeben hat, könnte sein: Gott erkennt alle Dinge, indem er seine eigene Essenz sieht. Indem er seine Essenz kennt, kennt er alles Existierende. Er kennt seine eigene Essenz so, wie sie ist: einfach, ohne jede Zusammensetzung. Er muss daher nicht seine äußerst einfache Essenz zusammensetzen und aufteilen. Daher erkennt er nicht auf eine Weise, die synthetisiert und analysiert.

27-Wer hat Leben?
Lebewesen haben diejenigen Seienden, die sich selbst bewegen oder handeln.

28-Was ist ein Lebewesen?

Ein Lebewesen ist ein Seiendes, das sich mit einer autonomen Bewegung bewegt, unabhängig von der Art dieser Bewegung: Translation, qualitative Veränderung (Alteration), Zunahme (Augmentation), Abnahme (Diminution) usw.

29-Wie viele Gattungen von Lebewesen gibt es?

Es gibt vier.

30-Was sind sie?

Es sind die folgenden: 1-Seiende, die nur dazu befähigt sind zu essen und sich zu entwickeln und zu reproduzieren, wie zum Beispiel Pflanzen. 2-Seiende, die zusätzlich fühlen können. Zum Beispiel Tiere, die keine lokale Bewegung haben, wie Austern. 3-Seiende, die zusätzlich lokal beweglich sind. Zum Beispiel vollkommene Tiere wie Vierbeiner, Vögel und Ähnliche. 4-Seiende, die zusätzlich fähig sind zu erkennen, wie Menschen.

31-Was sind vitale Operationen?

Sie werden vitale Operationen genannt, deren Prinzipien in denen liegen, die handeln, so dass sie selbst diese Operationen antreiben.

32-Wie können diese Prinzipien sein?

Die genannten Prinzipien können natürlicher Art oder Potenzen sein; oder sie können hinzugefügt werden, wie Gewohnheiten beim Menschen. Durch Gewohnheiten tendiert dieser dazu, bestimmte Arten von Operationen durchzuführen, indem er sicherstellt, dass sie zufriedenstellend sind.

33-Wie viele Arten von vitalen Operationen gibt es?

Es gibt zwei Arten von vitalen Operationen.

34-Was sind sie?

Es sind die folgenden: 1-<u>Die Operation, die auf eine externe Materie wirkt</u>. Zum Beispiel: erhitzen, schneiden. Diese Operation perfektioniert den Agent nicht. 2-<u>Die Operation, die im Agent bleibt</u>. Zum Beispiel: verstehen, fühlen, wollen. Diese Operation perfektioniert den Agent.

35-Was ist der Unterschied zwischen Bewegung und Handlung?

Die Bewegung ist ein Akt dessen, der bewegt. Die Handlung ist ein Akt dessen, der handelt. Die Bewegung ist ein unvollkommener Akt, weil sie in Potenz ist. Die Handlung ist ein vollkommener Akt, weil sie in Akt ist.

36-Wie wird dieser Unterschied auf Gott angewendet?

In Gott gibt es keine Bewegung. Trotzdem handelt er. Gott lebt, weil er handelt, nicht weil er sich bewegt. Die Handlung ist keine Bewegung, weil sie ohne Übergang von Potenz zu Akt erfolgt. Gott versteht, kennt und fühlt immer im Akt.

37-Wie handelt Gott?

Wir sagen, analog, dass er es durch Operationen tut. Aber in Wirklichkeit sind solche Operationen nichts anderes als seine Essenz. Jede göttliche Handlung ist dieselbe göttliche Essenz. Das heißt: Gott ist Verständnis, deshalb versteht er. Gott ist Wissen, deshalb weiß er. Gott ist Leben, deshalb lebt er.

38-Wie wird das Konzept "Leben" auf Gott angewendet?

Das Konzept des Lebens wird analog auf Gott angewendet.

39-Wie wissen wir, dass Gott Leben hat?

Wir wissen, dass er Leben hat, weil das Leben eine gewisse Vollkommenheit impliziert, und Gott besitzt alle Vollkommenheiten in höchstem Maße. Aber er lebt nicht wie Seiende, selbst wenn dieses Seiende das vollkommenste von allen ist, der Mensch. Das Leben Gottes ist genau göttlich. Gott ist sein eigenes Leben. Es ist falsch zu sagen, dass er Leben hat. Denn Gott besitzt im eigentlichen Sinne nichts. Wir sprechen so analog. Gott ist, er besitzt nicht.

40-Ist das Leben Gottes ewig?

Ja, das Leben Gottes ist ewig.

41-Wie begründet es der Heilige Thomas?

Unter den vielen Gründen, die er lehrt, nennen wir zwei: 1-Was heute lebt und morgen nicht lebt, hat eine Ursache, denn nichts geht ohne Ursache vom Nichtsein zum Sein über. Aber Gott hat keine Ursache. Daher ist es unmöglich, dass er einmal lebendig war und dann nicht lebendig ist. Im Gegenteil, er lebt immer. 2-Gott ist unbeweglich. Aber das, was anfängt zu leben und aufhört zu leben oder im Leben Veränderungen erfährt, ist veränderlich. Gott begann nicht zu leben und wird nicht aufhören zu leben, noch erfährt er Veränderungen während er lebt.

42-Hat Gott einen Willen?

Ja, Gott hat einen Willen. Der göttliche Verstand, der das Gute kennt, kann nicht ohne den göttlichen Willen existieren, der das Gute will. Es sei darauf hingewiesen, dass all diese Aussagen stets im Hinblick auf ihre analoge Natur gemacht werden.

43-Will der Wille Gottes das Andersartige zu Ihm?

Ja, Gott will das Andersartige zu Ihm.

44-Warum?

Analog zu den Seienden. Ein Seiendes hat nicht nur eine natürliche Neigung zum eigenen Guten, um es zu erreichen, wenn es das nicht hat, und um sich darin auszuruhen, wenn es das hat; sondern auch dazu, sein eigenes Gutes in dem Maße wie möglich auf andere zu übertragen. Dieser Wunsch, den alle Seienden haben, das eigene Gute mit anderen zu teilen, gehört auch zum Willen Gottes, von dem jede Vollkommenheit abgeleitet ist.

45-Was ist das eigene Objekt des göttlichen Willens?

Das eigene Objekt des göttlichen Willens ist seine Güte. Seine eigene Güte bewegt seinen Willen.

46-Wie liebt Gott die Anderen?

Gott liebt sich selbst als Ziel, die Anderen als auf das Ziel ausgerichtet, indem er ihnen ermöglicht, an der göttlichen Güte teilzuhaben.

47-Ist der Wille Gottes unveränderlich?
Ja, der Wille Gottes ist unveränderlich.

48-Kann Gott seinen Willen ändern?
Gott, der unveränderlich ist, kann seinen Willen nicht ändern. Der heilige Thomas stellt jedoch klar, dass die Änderung des Willens nicht dasselbe ist wie der Wille, bestimmte Dinge zu ändern. Gott kann dies jetzt tun und später das Gegenteil tun. Der Wille würde sich ändern, wenn jemand anfängt zu wollen, was er vorher nicht gewollt hat, oder aufhört zu wollen, was er gewollt hat. Das kann bei Gott nicht geschehen, denn das würde eine Änderung seines Wissens oder seiner substanziellen Disposition bedeuten, was unmöglich ist.

49-Wie kann man wieder beginnen zu wollen?
Der Wille strebt nach dem Gut, das ihm der Verstand mitteilt. Daher kann jemand auf zwei Arten wieder beginnen zu wollen: 1-Wenn etwas, das für ihn aufgehört hatte, ein Gut zu sein, wieder zu einem Gut wird. Das geschieht nicht ohne Veränderung. Zum Beispiel: *Mit dem Einsetzen der Kälte wird es gut, am Feuer zu sitzen, etwas, das zuvor nicht gut war.* 2-Wenn er wieder beginnt zu erkennen, was für ihn ein Gut ist, etwas, das er zuvor nicht wusste.

50-Kann Gott wieder zu wollen beginnen?
Ja, es eine Sache, den Willen zu ändern, und eine andere, Veränderungen in den Objekten dieses Willens zu wollen. Gemäß der ersten Annahme der vorherigen Antwort kann Gott wieder zu wollen beginnen. Und zwar so, dass sein Wille zwar unveränderlich bleibt, er aber durch sein Vorhaben eine Veränderung will.

51-Ist der Wille Gottes seine eigene Essenz?
Ja, der Wille Gottes ist seine eigene Essenz.

52-Wo und wie begründet das der Heilige Thomas?

In der *Summe gegen die Heiden* Buch I, Kapitel 73. Wir können einige dieser Argumente hervorheben: 1-Da die göttliche Substanz etwas Einfaches und Vollkommenes in ihrem Sein ist, wird ihr Wille ihr nicht hinzugefügt. In diesem Fall wäre Gott zusammengesetzt. Und das ist unmöglich. Folglich ist der Wille Gottes seine Essenz. 2-Gott ist Subjekt volontiver Akte aufgrund seiner Intelligenz. Er ist von Natur aus intelligent. Daher ist der Wille Gottes seine eigene Essenz. 3-Das Verständnis Gottes ist sein Sein. Der Wille folgt dem Verständnis. Er kann der göttlichen Substanz nicht hinzugefügt werden, weil keine Zusammensetzung in Gott akzeptiert wird. Daher ist der göttliche Wille sein eigenes Sein, und folglich ist sein Wille seine eigene Essenz.

53-Was ist das Hauptobjekt des Willens Gottes?

Das Hauptobjekt des Willens Gottes ist die göttliche Essenz.

54-Wo und wie begründet das der Heilige Thomas?

In der *Summe gegen die Heiden* Buch I, Kapitel 74. Wir können einige dieser Argumente hervorheben: 1-Das Objekt des Willens ist das Gute, von dem ihm die Erkenntnis Mitteilung macht. Gott erkennt als Hauptobjekt seine Essenz. Folglich ist dies auch das Hauptobjekt des göttlichen Willens. 2-Wenn der Wille Gottes etwas anderes wollen würde als sich selbst, gäbe es eine Ursache für diesen Willen, die außerhalb des göttlichen Seins liegt. Der Wille würde ein Objekt wollen, das von Gott verschieden ist und seinen Wunsch verursachen würde, was dem Sein des Ersten Unverursachten widerspricht. 3-Das letzte Ziel eines Seiendes, das will, ist sein Hauptobjekt, denn das Ziel wird um seiner selbst willen gewollt, und das andere wird um des Ziels willen gewollt. Nun ist Gott selbst das letzte Ziel, weil er das Gute selbst ist. Daher ist er selbst das Hauptobjekt seines Willens.

55-Will Gott das, was unmöglich ist?

Nein, Gott will nicht das, was unmöglich ist.

56-Wo und wie begründet er das?

In der *Summe gegen die Heiden* Buch I, Kapitel 84. Wir können einige der Gründe nennen: 1-Was einem Seienden zuwiderläuft, schließt etwas aus, das für es unerlässlich ist. Zum Beispiel, dass der Mensch ein Esel ist. Das Esel-Sein schließt die Vernunft des Menschen aus, denn es wird behauptet, dass das Vernünftige unvernünftig ist. Dies ist unmöglich. Gott will notwendigerweise das, was für das, was er will, unerlässlich ist. Es ist unmöglich, dass der Wille Gottes das will, was von Natur aus unmöglich ist. 2-Gott kann nicht etwas wollen, das dem Wesen des Seins als solches zuwiderläuft. Zum Beispiel, dass etwas gleichzeitig ist und nicht ist. Gott kann daher nicht zulassen, dass die Aussage und die Verneinung gleichzeitig wahr sind. *Und dies umfasst genau das, was von Natur aus unmöglich ist und sich selbst widerspricht.* Daher kann der Wille Gottes nicht wollen, was von Natur aus unmöglich ist.

57-Kann das Motiv für den göttlichen Willen angegeben werden?
Ja, das Motiv für den göttlichen Willen kann angegeben werden.

58-Was ist das?
Es gibt drei Gründe, die den göttlichen Willen bestimmen können: 1-Ein bestimmter Vorteil. 2- Ein Nutzen. 3-Eine hypothetische Notwendigkeit. Keiner von ihnen ist absolut. Denn bei absoluter Notwendigkeit will Gott nur sich selbst.

59-Kann etwas eine Ursache für den göttlichen Willen sein?
Der Heilige Thomas lehrt, dass nichts eine Ursache für den göttlichen Willen sein kann. Dann betont er, dass die folgende Aussage als Irrtum abgelehnt werden muss: *Alles kommt von Gott aufgrund seines einfachen Willens.* Das denken diejenigen, die der göttlichen Macht die Möglichkeit zuschreiben, Widersprüche zu verwirklichen, zum Beispiel. Das ist unmöglich. Gott vollbringt nicht das, was an sich selbst und aufgrund der von ihm festgelegten Ordnung unmöglich, lächerlich, widersprüchlich ist... Als ob es keinen anderen Grund gäbe als diesen: Gott will es. Aber das ist nicht wahr: Gott handelt aus Gründen. Und erst dann will er es.

60-Ist Gott frei?

Ja, Gott ist frei.

61-Wo und wie begründet er das?

In der *Summe gegen die Heiden* Buch I, Kapitel 88, begründet der Heilige Thomas diese Aussage. Wir können zwei Gründe nennen: 1-Die Willensfreiheit der Personen besteht darin, etwas ohne Notwendigkeit und spontan wollen zu können. Zum Beispiel: wollen zu rennen oder zu spazieren. Gott will die Seienden außerhalb von sich ohne jede Notwendigkeit. Daher ist die Willensfreiheit Gott eigen. 2-Formal betrachtet folgt der göttliche Wille seinem Verständnis zu Dingen, die gemäß ihrer Natur nicht festgelegt sind. Genauso der Mensch. Durch die Willensfreiheit neigt er dazu, gemäß dem Urteil der Vernunft zu wollen und nicht durch den Drang der Natur. Daher hat Gott eine Willensfreiheit.

62-Was ist die Liebe?

Die Liebe ist der Akt des göttlichen Willens, der das Gute will. Der Heilige Thomas nennt es *den ersten Akt des Willens*.

63-Wie liebt Gott?

Gott liebt seit Ewigkeit. Lieben bedeutet das Gute wollen. Gott selbst ist das Gute. Daher liebt Gott sich selbst in dem Maße, wie er liebenswert ist, das heißt: unendlich.

64-Was liebt Gott in Dingen außerhalb von sich?

Was Gott in Dingen außerhalb von sich will, ist, dass er in ihnen die Ähnlichkeit seiner Güte findet.

65-Ist die Liebe Gottes eine Leidenschaft?

Nein, sie kann keine Sensibilität oder Emotion der Sensibilität sein, so geordnet sie auch sein mag; und der Grund dafür ist, dass Gott als reiner Geist keine Sensibilität hat.

66-Hasst Gott etwas?

Nein, Gott hasst nichts. Gott will das Wohl jeder Sache. Als Ursache aller Seienden findet er in allen von ihnen die Ähnlichkeit seiner Güte.

67-Gibt es eine Situation, in der gesagt werden kann, dass Gott hasst?

Ja, es gibt zwei Situationen, in denen es zulässig ist zu sagen, dass Gott hasst. **Es handelt sich um Arten des Sprechens**, denn genau betrachtet, liebt Gott eher.

68-Was sind diese beiden Situationen?

Der erste Fall: indem er die Dinge liebt und will, dass ihr Gutes existiert, will er, dass das entgegengesetzte Übel nicht existiert. Daher sagt man, dass Gott Feindschaft gegen das Böse hat. Im zweiten Fall: weil er ein größeres Gut will, hasst er alles, was es verhindert. Daher sagt der Heilige Thomas: *Wenn er das Gute will, das die Gerechtigkeit oder die Ordnung des Universums ist, die ohne Bestrafung oder Verderb einiger Dinge nicht existieren können, sagt man, dass er jene Dinge hasst, die er bestrafen oder verderben möchte (...).*

69-Wie versteht man die Liebe Gottes?

Die Liebe Gottes kann auf doppelte Weise verstanden werden: 1-Auf Seiten des Willensaktes selbst. Der kann intensiver oder weniger intensiv sein. In diesem Sinne liebt Gott einen nicht mehr als den anderen, denn alles liebt er mit einem einzigen und einfachen Willensakt. Dieser Akt hat immer die gleiche Intensität. 2-Auf Seiten des Gutes selbst, das jemand für den Geliebten will. In diesem Sinne sagen wir, dass jemand einen anderen mehr liebt, wenn das gewünschte Gut größer ist, selbst wenn es nicht mit einem intensiveren Willensakt ist.

70-Liebt Gott im zweiten genannten Sinn?

Ja, man kann sagen, dass Gott einen mehr liebt als einen anderen, im Hinblick auf den zweiten genannten Sinn. Beachten Sie, dass die Liebe Gottes die Ursache des Seins der Dinge ist, daher ist sie die Ursache seiner Güte (Sein = Gut/Güte). Daher wäre ein Seiende nicht besser als ein anderes, wenn Gott nicht ein größeres Gut für eines als für das andere wollen würde.

71-Was sind die Eigenschaften der Liebe Gottes?

Es sind die folgenden: 1-Sie ist allumfassend. Sie erstreckt sich auf alle Geschöpfe. 2-Sie hat ihre freien Vorlieben. 3-Die göttlichen Vorlieben verletzen nicht die Ordnung der Liebe, die Gott selbst festgelegt hat. Tatsächlich bevorzugt Gott die Besten. 4-Sie ist unbesiegbar. Nichts kann ihr widerstehen ohne die göttliche Erlaubnis. Mit seiner Macht bewirkt er schließlich, dass alles zum Guten beiträgt.

72-Hat Gott affektive Leidenschaften?

Nein, in Gott gibt es keine affektiven Leidenschaften.

73-Wo und wie begründet Sankt Thomas, dass es in Gott keine affektiven Leidenschaften gibt?

In der *Summe gegen die Heiden* Buch I, Kapitel 89, begründet Sankt Thomas, dass es in Gott keine affektiven Leidenschaften gibt. Hier sind einige Argumente: 1- Es gibt keine Leidenschaft, die aus intellektuellem Affekt stammt, sondern nur aus dem sinnlichen. Aber in Gott kann es keinen sinnlichen Affekt geben, weil ihm sinnliche Erkenntnis fehlt. Daher gibt es in Gott keine affektive Leidenschaft. 2-Jede affektive Leidenschaft impliziert eine körperliche Veränderung, wie zum Beispiel die Kontraktion oder Ausdehnung des Herzens. Aber in Gott ist dies unmöglich, weil Gott keinen Körper hat. Daher gibt es in Gott keine affektive Leidenschaft. 3-Jede affektive Leidenschaft impliziert, dass derjenige, der sie fühlt, aus seinem gemeinsamen, normalen oder natürlichen Zustand herausgezogen wird. Dies ist bei Gott, der absolut unveränderlich ist, unmöglich. Daher gibt es in Gott keine affektive Leidenschaft.

74-Gibt es Leidenschaften, die Gott zuwiderlaufen?

Ja, es gibt Leidenschaften, die Gott zuwiderlaufen, weil sie seiner eigenen Natur entgegengesetzt sind.

75-Welche sind diese Leidenschaften?

Mit rein aufzählendem und nicht einschränkendem Charakter können wir einige nennen: 1-Traurigkeit und Schmerz. 2-Hoffnung. 3-Furcht. 4-Reue. 5-Neid. 6-Zorn.

76-Widerspricht die Wonne und Freude der göttlichen Vollkommenheit?
Nein, die Wonne und Freude widersprechen nicht der göttlichen Vollkommenheit.

77-Wie und wo begründet Sankt Thomas das?
In der *Summe gegen die Heiden* Buch I, Kapitel 90. Hier sind einige Argumente: 1-Die Freude bezieht sich auf ein gegenwärtiges Gut. Daher widerspricht die Freude weder aufgrund ihres Objekts, das das Gute ist, noch aufgrund der Disposition des Subjekts zum Objekt, von dem es gegenwärtig im Besitz ist, der göttlichen Vollkommenheit. 2-Freude und Wonne sind eine gewisse Ruhe des Willens in seinem Objekt, die diesem genügt. Daher freut sich Gott, der unveränderlich ist, durch seinen Willen in höchstem Maße an sich selbst.

78-Kann Gott das Böse wollen?
Nein, Gott kann das Böse nicht wollen.

79-Wie und wo begründet Sankt Thomas das?
In der *Summe gegen die Heiden* Buch I, Kapitel 95. Hier sind einige Argumente: 1-Wir wissen, dass Gott das höchste Gut ist. Das höchste Gut schließt jede Mischung mit dem Bösen aus, so wie die höchste Hitze die Mischung mit der Kälte ausschließt. Daher kann Gott das Böse nicht wollen. 2-Da das Gut die Form eines Ziels hat, kann das Böse nicht unter den Willen fallen, außer durch Abwendung vom Ziel. Aber der göttliche Wille kann sich nicht vom Ziel abwenden, da, wie bereits bewiesen wurde, nichts wollen kann, außer sich selbst wollend. Er kann daher das Böse nicht wollen.

80-Was ist Gerechtigkeit?
Es ist die Gewohnheit, durch die jemand mit ständigem und ewigem Willen jedem das gibt, was ihm zusteht. Es wird analog auf Gott angewendet, in dem es keine Gewohnheit gibt.

81-Wie wird die Gerechtigkeit klassifiziert?
Sankt Thomas unterscheidet zwei Arten von Gerechtigkeit.

82-Was sind sie?
Die erste ist die Tauschgerechtigkeit *(Iustitia commutativa)*, die im gegenseitigen Geben und Nehmen besteht. Es ist die Gerechtigkeit, die den Austausch zwischen Gleichen regelt. Typisch für Verträge, zum Beispiel einen Kaufvertrag. Die zweite Art von Gerechtigkeit ist die Verteilungsgerechtigkeit *(Iustitia distributiva)*, die darin besteht, jedem das Seine zu geben. *Durch sie gibt derjenige, der befiehlt oder verwaltet, jedem entsprechend seiner Würde.*

83-Welche Art von Gerechtigkeit gilt für Gott?
Die Tauschgerechtigkeit gilt nicht für Gott. Wir haben nichts, um einem vollkommenen Sein etwas anzubieten. Wir können nichts auf einer Ebene der Gleichheit mit ihm austauschen. Die Verteilungsgerechtigkeit hingegen gilt für Gott, der sie im Rahmen der Ordnung des Universums anwendet.

84-Ist Gott jemandem verpflichtet?
Nein, keineswegs. Selbst wenn Gott jemandem gibt, was ihm zusteht, im Sinne der Verteilungsgerechtigkeit, ist er niemandem verpflichtet, denn er ist niemandem untergeordnet, sondern alle Seiende sind ihm untergeordnet.

85-Erschafft Gott die Seiende und die Welt aus Gerechtigkeitspflicht?
Nein, keineswegs. Gott hat keine Verpflichtung, gegenüber irgendeinem Seienden zu erschaffen.

86-Wie und wo begründet das der Heilige Thomas?
In der *Summa contra gentiles* Buch II, Kapitel 28 und 29. Der Heilige Thomas begründet, dass Gott aus einem freien Willensakt erschafft, nicht weil er aus Gerechtigkeitspflicht erschaffen muss.

87-Welche Argumente gibt es?

Beispielhaft werden zwei genannt: 1-Gott ist die unverursachte Erstursache aller Seienden durch einen absolut freien Akt seines Willens; und das einzige notwendige Sein (Dritte Weise). Daher kann keine Verpflichtung in Bezug auf die universelle Produktion der Dinge angenommen werden. Die universelle Produktion der Dinge konnte also nicht aus einer Verpflichtung der Gerechtigkeit stammen. 2-Wer aus Pflicht handelt, handelt nicht nur für sich selbst, sondern für einen Anderen, dem er verpflichtet ist. Aber Gott ist das einzige Sein, das von selbst existiert, unverursacht. Nur Gott handelt von selbst und für sich selbst, ohne Notwendigkeit von etwas oder jemandem. Wer jedoch aus Pflicht handelt, handelt nicht nur für sich selbst, sondern für einen Anderen, dem er verpflichtet ist. Daher hat Gott, der die erste Ursache und der erste Agent ist, die Dinge nicht aus Verpflichtung der Gerechtigkeit erschaffen.

88-Was ist Barmherzigkeit?

Barmherzigkeit ist das Mitgefühl, das unser Herz angesichts des Elends eines Anderen empfindet, ein Gefühl, das uns tatsächlich dazu drängt, wenn möglich zu helfen.

89-Gibt es Barmherzigkeit in Gott?

Ja, in Gott gibt es Barmherzigkeit. Barmherzigkeit wird ihm nicht als Gefühl zugeschrieben, wie es bei menschlichen Geschöpfen der Fall ist, sondern als eine Wirkung seiner unendlichen Güte.

90-Hat Gott Mitleid?

Nein, Gott hat kein Mitleid. Barmherzigkeit muss von Mitleid unterschieden werden. Sensibles Mitleid findet sich bei den Schwachen, den Ängstlichen, denen, die sich von dem Bösen bedroht fühlen. Sie betrachten instinktiv das Leiden anderer als ihr eigenes Leiden und teilen es. Sie haben Mitleid mit den Leiden ihrer Mitmenschen und Angehörigen, weil sie denken, dass ihnen auch solche Leiden widerfahren können. Im Gegensatz dazu neigen die Glücklichen, die Starken dazu, wenig Mitgefühl zu empfinden, weil sie denken, dass ihnen nichts Schlimmes passieren kann.

91-Handelt Gott gegen die Gerechtigkeit, wenn er mit Barmherzigkeit handelt?

Nein, wenn Gott mit Barmherzigkeit handelt, handelt er nicht gegen die Gerechtigkeit, sondern über ihr.

92-Welche vier Attribute finden wir in Gott, die eine Beziehung zum Guten implizieren?

Es sind die folgenden: Güte, Gerechtigkeit, Großzügigkeit und Barmherzigkeit.

93-Was ist die Vorsehung?

Die Vorsehung im Allgemeinen ist die Anordnung der notwendigen Mittel, damit die Sienden ihre eigenen Ziele erreichen.

94-Ist es ein Akt des Verstandes oder des Willens?

Die Vorsehung umfasst sowohl den Akt des Verstandes, der die Eignung der Mittel für die jeweiligen Ziele kennt, als auch den Akt des Willens, der solche Mittel auswählt.

95-Gibt es Vorsehung in Gott?

Ja, in Gott gibt es Vorsehung. Gott lenkt und leitet alle Dinge zu ihren eigenen oder speziellen Zielen und gleichzeitig zu einem allgemeinen Ziel.

96-Mit welcher Tugend ist die Vorsehung verbunden?

Die Vorsehung ist mit der Klugheit verbunden, einer Tugend, die die Mittel für die Ziele, die sie erreichen will, ordnet und die Bedürfnisse für sie voraussieht. Durch die menschliche Klugheit erhalten wir die analoge Vorstellung der göttlichen Vorsehung.

97-Wie wird die Ausführung des göttlichen providentiellen Plans genannt?

Es wird als Regierung bezeichnet. Gott regiert.

98-Wie regiert Gott?

Um zu regieren, bedient sich Gott einiger Mittel. Er regiert die niedrigeren Dinge durch die höheren. Dies geschieht nicht aufgrund eines Mangels an seiner Macht, sondern aufgrund seiner Güte, die den Geschöpfen die Würde der Kausalität verleiht.

99-Wie wirkt die göttliche Vorsehung?

Was die Konzeption und den Plan seiner Vorsehung betrifft, ordnet Gott dies selbst an. Seine Vorsehung ist unmittelbar. Aber hinsichtlich ihrer Ausführung, also was wir als Gottes Regierung bezeichnen, ist seine Vorsehung im Allgemeinen mittelbar. Sie bedient sich hauptsächlich der geschaffenen Seienden. Sie wirkt durch zweite Ursachen, seien sie nahe, entfernt usw.

100-Wie regiert Gott die Welt?

Gott regiert die Welt durch natürliche Gesetze, die wir allgemeine Gesetze, kosmische Gesetze und besser Gesetze der göttlichen Vorsehung nennen. Diese Gesetze drücken den Plan der göttlichen Regierung für die Welt aus, sodass die spezifischen physikalischen Gesetze als Anwendungen und Ableitungen dieser kosmischen oder providentiellen Gesetze betrachtet werden können.

101-Wie werden diese Gesetze jeweils genannt?

Sie werden genannt: 1-Das Gesetz der Nützlichkeit. 2-Das Gesetz der Kontinuität. 3-Das Gesetz des ordentlichen Mittels. 4-Das Gesetz der Einheit. 5-Das Gesetz der Beständigkeit.

102-Was besagt das Gesetz der Nützlichkeit?

Es besagt, dass die Natur nichts umsonst produziert oder tut.

103-Was besagt das Gesetz der Kontinuität?

Es besagt, dass die Seienden, die die Welt bilden, unter dem Gesichtspunkt ihrer relativen Vollkommenheit eine geordnete Skala bilden. Diese Skala hebt nicht die wesentliche Unterscheidung zwischen ihnen auf.

104-Was besagt das Gesetz der ordentlichen Mittels?

Es besagt, dass Gott in der Regel nicht unmittelbar das tut, was durch zweite Ursachen getan werden kann.

105-Was besagt das Gesetz der Einheit?

Es besagt, dass das Universum eine Ordnung ist, die auf ein einziges Ziel ausgerichtet ist, nämlich Gott.

106-Was besagt das Gesetz der Beständigkeit?

Es besagt: 1-Die Gesetze der Welt und die resultierende Ordnung der Natur ändern sich nicht oder wechseln nicht zu anderen. 2-Der Verlauf der Natur und die Anwendung dieser Gesetze sind so konstant, dass sie nie oder selten außer Kraft gesetzt werden.

107-Warum sagen wir, dass Gott allmächtig ist?

Weil Gott alles kann. Diese göttliche Macht bezieht sich auf das Mögliche. Daher ist es korrekter zu sagen, dass Gott alles kann, was möglich ist.

108-Wie viele Arten von Potenz gibt es?

Es gibt zwei Arten von Potenz: die aktive und die passive.

109-Was ist die aktive Potenz?

Die aktive Potenz ist das Prinzip der Handlung in einem Anderen.

110-Was ist die passive Potenz?

Die passive Potenz ist das Prinzip, die Handlung eines Anderen zu erleiden.

111-Welche Potenz finden wir in Gott, die aktive oder die passive?

Wir finden die aktive Potenz. Die passive Potenz existiert nicht in Gott, denn um eine Handlung zu erleiden, muss man von etwas beraubt sein. Wer empfangen kann, dem fehlt etwas. Dies ist in Gott, dem vollkommenen Sein, unmöglich. Die aktive Potenz dagegen ist in Gott vorhanden. Daher ist es legitim, von der Macht Gottes zu sprechen und zu sagen, dass Gott machtvoll ist.

112-Widersetzt sich die aktive Potenz dem Akt?

Die aktive Potenz widersetzt sich nicht dem Akt, sondern gründet sich auf ihn. Tatsächlich handelt jemand, soweit er im Akt ist. Und Gott ist reiner Akt.

113-Widersetzt sich die passive Potenz dem Akt?

Die passive Potenz widersetzt sich dem Akt, denn jeder erleidet die Handlung eines anderen, solange er in Potenz ist.

114-Wie ist die aktive Potenz Gottes?

Gott ist unendlich. Daher muss die aktive Potenz Gottes notwendigerweise unendlich sein.

115-Was ist für die aktive Potenz Gottes unmöglich?

Unmöglich ist das, was in sich selbst und gleichzeitig das Sein und das Nicht-Sein enthält. Dies unterliegt nicht der Allmacht. Es unterliegt nicht der Allmacht nicht wegen göttlicher Ohnmacht, sondern weil es weder als machbar noch als möglich betrachtet werden kann. Zum Beispiel kann Gott kein quadratischer Kreis erschaffen.

116-Wo und wie begründet Sankt Thomas von Aquin, dass es in Gott eine aktive Potenz gibt?

In der *Summe gegen die Heiden* Buch II, Kapitel 7. Zwei dieser Argumente werden genannt: 1-Die aktive Potenz ist das Prinzip der Handlung in einem Anderen, solange es ein Anderes ist. Gott ist das Prinzip der Existenz aller Dinge. Daher kann ihm die aktive Potenz zugeschrieben werden. Daher gibt es in Gott eine aktive Potenz. 2-Das Seiende handelt, soweit es in Akt ist, und empfängt, soweit es in Potenz ist. Die passive Potenz ergibt sich aus dem Seienden in Potenz, und die aktive Potenz ergibt sich aus dem Seienden in Akt. Nun ist Gott reiner Akt. Daher gibt es in Gott eine aktive Potenz.

117-Wo und wie begründet Thomas von Aquin, dass die aktive Potenz Gottes seine Substanz oder Wesenheit ist?

In der *Summe gegen die Heiden* Buch II, Kapitel 8. Zwei dieser Argumente werden genannt: 1-Die aktive Potenz ist in den Seienden vorhanden, die aus Akt und Potenz zusammengesetzt sind. Seiende, die durch einen anderen Akt als sie selbst in Akt sind. Aber Gott ist nicht aus Akt und Potenz zusammengesetzt. Er ist reiner Akt. Daher ist Er selbst Seine Potenz. 2-Jedes Seiende, das aus Akt und Potenz zusammengesetzt ist, ist potentiell durch Teilnahme mächtig. Gott ist weder zusammengesetzt noch nimmt Er teil: Er ist sein eigenes Sein. Daher ist Er selbst Seine Potenz.

118-Wo und wie begründet Sankt Thomas, dass die aktive Potenz Gottes seine Handlung ist?

In der *Summe gegen die Heiden* Buch II, Kapitel 9. Hier sind zwei relevante Argumente: 1-Dinge, die identisch mit einer dritten Sache sind, sind untereinander identisch. Wir haben gerade gesehen, dass die göttliche Potenz ihre eigene Substanz ist. Wir wussten bereits, dass die intellektuelle Handlung Gottes (Verstehen) ebenfalls seine eigene Substanz ist. Nun, dieselbe Überlegung gilt auch für die anderen göttlichen Handlungen. Daher sind in Gott Potenz und Handlung nicht verschiedene Dinge. 2-In zusammengesetzten Seienden von Akt und Potenz ist die Handlung nicht die Substanz des Seienden. Im Gegenteil, sie ist in ihm wie ein Akzidens vorhanden. Aber in Gott gibt es keine Akzidenzen. Daher untersscheidet sich Gottes Handlung nicht von seiner Substanz und seiner Potenz.

119-Wo und wie begründet Sankt Thomas, was Gott nicht tun kann?

In der *Summe gegen die Heiden* Buch II, Kapitel 25. Hier sind zwei Argumente dazu: 1-Nur in zusammengesetzten Seienden von Akt und Potenz besteht die Potenz, etwas anderes zu sein. In Gott gibt es jedoch keine passive Potenz, sondern nur aktive. Daher kann er in Bezug auf seine Essenz nichts tun. Daher kann der allmächtige Gott weder ein Körper noch etwas Ähnliches sein. 2-Die Handlung der passiven Potenz ist die Bewegung. Aber wir wissen, dass es in Gott keine passive Potenz gibt und dass er der Erste Beweger ohne Bewegung ist (Erste Weg). Daher kann er sich in keiner Weise bewegen: nicht zunehmen, abnehmen, sich verändern, sich zeugen oder korruptieren, usw. 3-Da Müdigkeit ein Mangel an Kraft und Vergessenheit ein Mangel an Gedächtnis ist, ist offensichtlich, dass er weder müde noch vergesslich sein kann. 4-Er kann auch nicht besiegt oder gezwungen werden, da diese Dinge für Naturwesen gelten, die naturgemäß veränderlich sind. Ebenso kann er sich nicht bereuen, nicht wüten oder nicht traurig sein, da all dies nach Passivität und Mangel klingt. 5-Gott kann nicht gegen die Vernunft des Seins handeln, solange er Sein ist, oder gegen den Grund des geschaffenen Seins, solange es geschaffen ist.

120-Was ist das Glückseligkeit?
Glückseligkeit oder Glück ist das eigene Gut jeder intelligenten Natur.

121-Entspricht Gott der Glückseligkeit?
Ja, da Gott intelligent ist, wird sein eigenes Gut die Glückseligkeit sein. Und da er in höchstem Maße intelligent ist, gebührt ihm die höchste Glückseligkeit.

122-Wünscht sich Gott Glückseligkeit?
Gott steht nicht in Beziehung zu seinem eigenen Gut, als müsste er es erringen. Er sucht es nicht, als hätte er es nicht. Dies ist charakteristisch für bewegliche Seiende, nicht für den Ersten Unbeweglichen Beweger. Daher begehrt er nicht nur Glückseligkeit wie wir, sondern er genießt sie.

123-Wie kann Glückseligkeit sein?
Glückseligkeit kann wahr oder falsch sein.

124-Wie unterscheiden sie sich?
Eine Glückseligkeit ist falsch, wenn sie nicht die Eigenschaften der wahren erfüllt. In diesem Sinne entspricht sie nicht Gott. Dennoch existiert alles, was auch immer von Ähnlichkeit mit der wahren Glückseligkeit in der göttlichen Glückseligkeit vorhanden ist, selbst wenn es nur schwach ist.

125-Wünscht sich die intellektuelle Natur Glückseligkeit?
Ja, genauso wie alle Dinge nach ihrer Vollkommenheit streben, wünscht sich auch die intellektuelle Natur Glückseligkeit zu haben.

126-Was ist das Vollkommenste in der intellektuellen Natur?

Das Vollkommenste in der intellektuellen Natur ist die intellektuelle Operation. Durch sie erfasst unser Verstand auf gewisse Weise alles.

127-Worin besteht die Glückseligkeit jeder intelligenten Natur?

Die Glückseligkeit jeder intelligenten geschaffenen Natur besteht im Verstehen.

128-Wie wird es auf Gott angewendet?

Bei Gott sind Sein und Verstehen dasselbe. Sie unterscheiden sich nur begrifflich, aber nicht wirklich. Daher muss Gott die Glückseligkeit aufgrund des Verstehens zugeschrieben werden.

129-Was ist im Akt des Verstehens zu unterscheiden?

Im Akt des Verstehens muss man unterscheiden:1-Den Gegenstand des Akts: das Intelligible. Das ist Gott. Der Mensch als intellektuelle Natur ist nur glückselig, weil er Gott versteht. 2-Die Akt selbst: das Verstehen. Das ist der Akt dessen, der versteht.

130-Was existiert in der göttlichen Glückseligkeit?

Alles, was in jeder Glückseligkeit, sei sie wahr oder falsch, wünschenswert ist, existiert vollständig und erhaben in der göttlichen Glückseligkeit.

131-Welche Formen von Glückseligkeit hat Gott?

Gott besitzt alle Formen von Glückseligkeit oder Freude, die existieren können.

132-Was sind diese Formen?

Es sind die folgenden: 1-Kontemplative: weil er alles mit einer ununterbrochenen und klarsten Vision betrachtet. 2-Aktive: weil er das gesamte Universum regiert. 3-Zeitlich: die aus Vergnügen, Reichtum, Macht, Würde und Ruhm besteht.

133-Hat Gott jede Freude, die jemand anstreben kann?

Ja, Gott hat jede Freude, die jemand anstreben kann. In Bezug auf Reichtum hat er den vollen Überfluss, den Reichtum bieten kann; in Bezug auf Macht ist er allmächtig; in Bezug auf Würde sind alle Grade in ihm; und in Bezug auf Ruhm wird er von allen bewundert.

134-Wo und wie argumentiert Sankt Thomas, dass Gott glücklich ist?

In der *Summe gegen die Heiden* Buch I, Kapitel 100. Einige dieser Argumente sind: 1-Boethius sagt, dass Glückseligkeit der perfekte Zustand ist, der alles Gute umfasst. Glückseligkeit beruhigt jeden Wunsch. Nachdem sie erreicht ist, bleibt nichts zu wünschen übrig, weil sie das letzte Ziel ist. Daher muss derjenige, der in allem vollkommen ist, was er sich wünschen kann, glückselig sein. Das ist Gott, der in seiner Einfachheit jede Vollkommenheit besitzt. Daher ist Gott glückselig. 2-Niemand ist glückselig, solange er das, was er braucht, nicht hat, denn in diesem Fall wäre sein Wunsch nicht befriedigt. Wer sich selbst genügt, ohne etwas zu benötigen, ist glückselig. Gott ist höchst vollkommen, er braucht nichts und niemanden. Seine Vollkommenheit hängt von nichts anderem als ihm selbst ab. Daher ist Gott glückselig.

135-Wo und wie argumentiert Sankt Thomas, dass Gott nicht nur glückselig ist, sondern seine eigene Glückseligkeit ist?

In der *Summe gegen die Heiden* Buch I, Kapitel 101. Einige dieser Argumente sind: 1-Glückseligkeit ist das eigene Gut jeder intelligenten Erkenntnis, das sie durch ihre intellektuellen Operationen erreicht. In Gott gibt es keine Zusammensetzung: Sein Verstand und die Handlungen davon sind seine Essenz. Daher ist er seine eigene Glückseligkeit. 2. Glückseligkeit ist das eigene Gut jeder intelligenten Natur. Daher will jeder, der aufgrund seiner Natur dieses Gut hat oder haben kann, es am meisten. Aber im Kapitel über den Willen Gottes wurde nachgewiesen, dass Gott, wenn er will, seine Essenz will. Daher ist seine Essenz seine Glückseligkeit.

136-Wo und wie argumentiert Sankt Thomas, dass die göttliche Glückseligkeit, vollkommen und einzigartig, jede andere übersteigt?

In der *Summe gegen die Heiden* Buch I, Kapitel 102. Einige der Argumente sind: 1-Etwas ist umso glückseliger, je näher es der Glückseligkeit kommt. Das Nächste zur Glückseligkeit ist die Glückseligkeit selbst, wie bereits gezeigt wurde. Wir wissen, dass Gott die Glückseligkeit selbst ist. Daher ist er auf einzigartige Weise und vollkommen glückselig. 2-Was durch seine Essenz ist, ist besser als das, was durch Teilnahme existiert. Gott ist glückselig durch seine Essenz, der Rest der Seienden durch Teilnahme an der göttlichen Glückseligkeit. Daher übertrifft die göttliche Glückseligkeit jede andere Glückseligkeit.

ENDNOTEN

[1]COLLIN, ENRIQUE. *Manual de filosofía tomista. Tomo II.* Traducción de la novena edición francesa por Cipriano Montserrat. Luis Gili. Editor. Barcelona. 1950. Seite 418

[2]FERRATER MORA, JOSE. *Diccionario de Filosofía. Tomo I.* Konsultiertes Artikel: "Atributo". Editorial Sudamericana. Buenos Aires. Quinta Edición. Seite 158.

[3]PONFERRADA GUSTAVO ELOY. *Introducción al Tomismo.* Club de Lectores. Buenos Aires. 1985. Seite 217.

[4]Vgl. VON AQUIN, THOMAS. *Summa Theologica* I, q.14 a.1 ad.2

[5]Vgl. VON AQUIN, THOMAS. *Summa Theologica* I, q.14 a.1 Resp.

[6]Vgl. VON AQUIN, THOMAS. *Summa Theologica* I, q.14 a.2 Resp.

[7]Vgl. VON AQUIN, THOMAS. *Summa Theologica* I, q.14 a.3 Resp.

[8]GARRIGOU-LAGRANGE, R. *Dios. Su naturaleza.* Ediciones Palabra SA. Madrid. 1977. Seite 59.

[9]AQUINAS, ST. THOMAS. *The Summa Theologica.* Latin & English. Translated by Fathers of the English Dominican Province. Benziger Bros. Edition. 1947. I, q.14 a.5 Resp. https://isidore.co/aquinas/summa/index.html.

[10]AQUINAS, ST. THOMAS. *The Summa Theologica.* Latin & English. Translated by Fathers of the English Dominican Province. Benziger Bros. Edition. 1947. I, q.14 a.6 Resp. https://isidore.co/aquinas/summa/index.html.

[11]SERTILLANGES, A.D. *Santo Tomás de Aquino. Tomo I.* Ediciones Desclée de Brouwer. Buenos Aires. 1946. Seite 233.

[12]AQUINAS, ST. THOMAS. *Summa contra Gentiles.* Latin & English. Book I translated by Anton C. Pegis. Edited, with English, especially Scriptural references, updated by Joseph Kenny, O.P. New York: Hanover House, 1955-57. Buch 1, Kapitel 57, Nummer 4. https://isidore.co/aquinas/ContraGentiles.htm.

[13]Vgl. VON AQUIN, THOMAS. *Summa Theologica* I, q.14 a.7 Resp.

[14]AQUINAS, ST. THOMAS. *Summa contra Gentiles.* Latin & English. Book I translated by Anton C. Pegis. Edited, with English, especially Scriptural references, updated by Joseph Kenny, O.P. New York: Hanover House, 1955-57. Buch 1, Kapitel 55, Nummer 7. https://isidore.co/aquinas/ContraGentiles.htm.

[15]AQUINAS, ST. THOMAS. *Summa contra Gentiles.* Latin & English. Book I translated by Anton C. Pegis. Edited, with English, especially Scriptural references, updated by Joseph Kenny, O.P. New York: Hanover

House, 1955-57. Buch 1, Kapitel 58, Nummer 2.
https://isidore.co/aquinas/ContraGentiles.htm.

[16]AQUINAS, ST. THOMAS. *The Summa Theologica*. Latin & English. Translated by Fathers of the English Dominican Province. Benziger Bros. Edition. 1947. I, q.14 a.9 Resp.
https://isidore.co/aquinas/summa/index.html.

[17]Vgl. Cf. GARRIGOU-LAGRANGE, R. *Dios. Su naturaleza*. Ediciones Palabra SA. Madrid. 1977. Seite 61.

[18]AQUINAS, ST. THOMAS. *Summa contra Gentiles*. Latin & English. Book I translated by Anton C. Pegis. Edited, with English, especially Scriptural references, updated by Joseph Kenny, O.P. New York: Hanover House, 1955-57. Buch 1, Kapitel 68, Nummer 4.
https://isidore.co/aquinas/ContraGentiles.htm.

[19]AQUINAS, ST. THOMAS. *The Summa Theologica*. Latin & English. Translated by Fathers of the English Dominican Province. Benziger Bros. Edition. 1947. I, q.14 a.9 Resp. *in fine*.
https://isidore.co/aquinas/summa/index.html.

[20]Vgl. COLLIN, ENRIQUE. *Manual de filosofía tomista. Tomo II*. Traducción de la novena edición francesa por Cipriano Montserrat. Luis Gili. Editor. Barcelona. 1950. Seite 423.

[21]SERTILLANGES, A.D. *Santo Tomás de Aquino. Tomo I*. Ediciones Desclée de Brouwer. Buenos Aires. 1946. Seite 226.

[22]AQUINAS, ST. THOMAS. *Summa contra Gentiles*. Latin & English. Book I translated by Anton C. Pegis. Edited, with English, especially Scriptural references, updated by Joseph Kenny, O.P. New York: Hanover House, 1955-57. Buch 1, Kapitel 44, Nummer 5.
https://isidore.co/aquinas/ContraGentiles.htm.

[23]AQUINAS, ST. THOMAS. *Summa contra Gentiles*. Latin & English. Book I translated by Anton C. Pegis. Edited, with English, especially Scriptural references, updated by Joseph Kenny, O.P. New York: Hanover House, 1955-57. Buch 1, Kapitel 44, Nummer 4.
https://isidore.co/aquinas/ContraGentiles.htm.

[24]AQUINAS, ST. THOMAS. *Summa contra Gentiles*. Latin & English. Book I translated by Anton C. Pegis. Edited, with English, especially Scriptural references, updated by Joseph Kenny, O.P. New York: Hanover House, 1955-57. Buch 1, Kapitel 45, Nummer 5.
https://isidore.co/aquinas/ContraGentiles.htm.

[25]AQUINAS, ST. THOMAS. *Summa contra Gentiles*. Latin & English. Book I translated by Anton C. Pegis. Edited, with English, especially Scriptural references, updated by Joseph Kenny, O.P. New York: Hanover

House, 1955-57. Buch 1, Kapitel 46, Nummer 6.
https://isidore.co/aquinas/ContraGentiles.htm.

[26]AQUINAS, ST. THOMAS. *Summa contra Gentiles*. Latin & English. Book I translated by Anton C. Pegis. Edited, with English, especially Scriptural references, updated by Joseph Kenny, O.P. New York: Hanover House, 1955-57. Buch 1, Kapitel 47, Nummer 5. https://isidore.co/aquinas/ContraGentiles.htm.

[27]Siehe AQUINAS, ST. THOMAS. *The Summa Theologica*. Latin & English. Translated by Fathers of the English Dominican Province. Benziger Bros. Edition. 1947. I, q.18 a.1 Resp. *in fine*. https://isidore.co/aquinas/summa/index.html.

[28]Vgl. VON AQUIN, THOMAS. *Summa Theologica* I, q.18 a.3 ad.1.

[29]AQUINAS, ST. THOMAS. *The Summa Theologica*. Latin & English. Translated by Fathers of the English Dominican Province. Benziger Bros. Edition. 1947. I, q.18 a.4 Resp. https://isidore.co/aquinas/summa/index.html.

[30]AQUINAS, ST. THOMAS. *The Summa Theologica*. Latin & English. Translated by Fathers of the English Dominican Province. Benziger Bros. Edition. 1947. I, q.18 a.3. Resp. https://isidore.co/aquinas/summa/index.html.

[31]AQUINAS, ST. THOMAS. *The Summa Theologica*. Latin & English. Translated by Fathers of the English Dominican Province. Benziger Bros. Edition. 1947. I, q.18 a.3. Resp. https://isidore.co/aquinas/summa/index.html.

[32]AQUINAS, ST. THOMAS. *The Summa Theologica*. Latin & English. Translated by Fathers of the English Dominican Province. Benziger Bros. Edition. 1947. I, q.18 a.2. Resp. https://isidore.co/aquinas/summa/index.html.

[33]Der Begriff *Verständnis* kann durch die Begriffe *Wissen, Intellekt* oder *Intelligenz* ersetzt werden, die in diesem Kapitel seine Synonyme sind.

[34]GARRIGOU-LAGRANGE R. *Dios. Su naturaleza*. Ediciones Palabra SA. Madrid. 1977. Seiten 80-81.

[35]SERTILLANGES A.D. *Santo Tomás de Aquino. Tomo I*. Ediciones Desclée de Brouwer. Buenos Aires. 1946. Seite 258.

[36]AQUINAS, ST. THOMAS. *The Summa Theologica*. Latin & English. Translated by Fathers of the English Dominican Province. Benziger Bros. Edition. 1947. I, q.19 a.1 ad.3. https://isidore.co/aquinas/summa/index.html.

[37]AQUINAS, ST. THOMAS. *The Summa Theologica*. Latin & English. Translated by Fathers of the English Dominican Province. Benziger Bros. Edition. 1947. I, q.19 a.2 Resp.

https://isidore.co/aquinas/summa/index.html.

[38]AQUINAS, ST. THOMAS. *The Summa Theologica*. Latin & English. Translated by Fathers of the English Dominican Province. Benziger Bros. Edition. 1947. I, q.19 a.2 Resp. *in fine*.
https://isidore.co/aquinas/summa/index.html.

[39]SERTILLANGES, A.D. *Santo Tomás de Aquino*. Tomo I. Ediciones Desclée de Brouwer. Buenos Aires. 1946. Seite 262.

[40]GARRIGOU-LAGRANGE, R. *Dios. Su naturaleza*. Ediciones Palabra SA. Madrid. 1977. Seite 37.

[41]AQUINAS, ST. THOMAS. *The Summa Theologica*. Latin & English. Translated by Fathers of the English Dominican Province. Benziger Bros. Edition. 1947. I, q.20 a.1 *ab initio*.
https://isidore.co/aquinas/summa/index.html.

[42]GARRIGOU-LAGRANGE, R. *La Providencia y la confianza en Dios*. Segunda Edicion. DEDEBEC. Ediciones Desclée de Brouwer. Buenos Aires. 1945. Seite 136.

[43]SERTILLANGES, A.D. *Santo Tomás de Aquino*. Tomo I. Ediciones Desclée de Brouwer. Buenos Aires. 1946. Seite 263.

[44]GARRIGOU-LAGRANGE, R. *La Providencia y la confianza en Dios*. Segunda Edicion. DEDEBEC. Ediciones Desclée de Brouwer. Buenos Aires. 1945. Seite 136.

[45]AQUINAS, ST. THOMAS. *Summa contra Gentiles*. Latin & English. Book I translated by Anton C. Pegis. Edited, with English, especially Scriptural references, updated by Joseph Kenny, O.P. New York: Hanover House, 1955-57. Buch 1, Kapitel 96, Nummer 2.
https://isidore.co/aquinas/ContraGentiles.htm.

[46]Vgl. VON AQUIN, THOMAS. *Summa Theologica* I, q.20 a.3 Resp.

[47]SERTILLANGES, A.D. *Santo Tomás de Aquino*. Tomo I. Ediciones Desclée de Brouwer. Buenos Aires. 1946. Seite 264.

[48]Vgl. GARRIGOU-LAGRANGE, R. *Dios. Su naturaleza*. Ediciones Palabra SA. Madrid. 1977. Seiten 86-87.

[49]AQUINAS, ST. THOMAS. *The Summa Theologica*. Latin & English. Translated by Fathers of the English Dominican Province. Benziger Bros. Edition. 1947. I, q.20 a.4 Resp.
https://isidore.co/aquinas/summa/index.html.

[50]AQUINAS, ST. THOMAS. *The Summa Theologica*. Latin & English. Translated by Fathers of the English Dominican Province. Benziger Bros. Edition. 1947. I, q.20 a.2 Resp.
https://isidore.co/aquinas/summa/index.html.

[51]Vgl. VON AQUIN, THOMAS. *Summa Theologica* I, q.21 a.1 ad.1.

[52]Vgl. VON AQUIN, THOMAS. *Summa Theologica* I, q.21 a.1 ad.3.
[53]SERTILLANGES, A.D. *Santo Tomás de Aquino. Tomo I*. Ediciones Desclée de Brouwer. Buenos Aires. 1946. Seiten 264-265.
[54]Vgl. VON AQUIN, THOMAS. *Summa Theologica* I, q.21 a.3 Resp.
[55]SERTILLANGES, A.D. *Santo Tomás de Aquino. Tomo I*. Ediciones Desclée de Brouwer. Buenos Aires. 1946. Seite 265.
[56]Vgl. GARRIGOU-LAGRANGE, R. *Dios. Su naturaleza*. Ediciones Palabra SA. Madrid. 1977. Seiten 103-104.
[57]Vgl. VON AQUIN, THOMAS. *Suma Teológica* I, q.21 a.3 ad.2.
[58]Vgl. SERTILLANGES, A.D. *Santo Tomás de Aquino. Tomo I*. Ediciones Desclée de Brouwer. Buenos Aires. 1946. Seite 265.
[59]HELLÍN, JOSE. *Suma de Filosofía Escolástica*. Teodicea. Buch III. Kapitel VI. Artikel I. These 50. Nr. 633 *ab initio*. B.A.C. Madrid. 1964.
[60]Vgl. GONZALEZ, ZEFERINO, Cardenal. *Filosofía Elemental. Tomo II*. Segunda Edición. Madrid. 1886. Seite 266.
[61]SERTILLANGES, A.D. *Santo Tomás de Aquino. Tomo I*. Ediciones Desclée de Brouwer. Buenos Aires. 1946. Seite 266.
[62]SERTILLANGES, A.D. *Santo Tomás de Aquino. Tomo I*. Ediciones Desclée de Brouwer. Buenos Aires. 1946. Seite 266.
[63]AQUINAS, ST. THOMAS. *The Summa Theologica*. Latin & English. Translated by Fathers of the English Dominican Province. Benziger Bros. Edition. 1947. I, q.22 a.1 ad.3 *ab initio*. https://isidore.co/aquinas/summa/index.html.
[64]Vgl. GARRIGOU-LAGRANGE, R. *La Providencia y la confianza en Dios*. Segunda Edicion. DEDEBEC. Ediciones Desclée de Brouwer. Buenos Aires. 1945. Seite 147.
[65]Vgl. VON AQUIN, THOMAS. *Suma Teológica* I, q.22 a.2 Resp.
[66]GARRIGOU-LAGRANGE, R. *Dios. Su naturaleza*. Ediciones Palabra SA. Madrid. 1977. Seite 78.
[67]Vgl. GARRIGOU-LAGRANGE, R. *La Providencia y la confianza en Dios*. Segunda Edicion. DEDEBEC. Ediciones Desclée de Brouwer. Buenos Aires. 1945. Seite 149.
[68]AQUINAS, ST. THOMAS. *The Summa Theologica*. Latin & English. Translated by Fathers of the English Dominican Province. Benziger Bros. Edition. 1947. I, q.22 a.4 Resp. *in fine*. https://isidore.co/aquinas/summa/index.html.
[69]AQUINAS, ST. THOMAS. *The Summa Theologica*. Latin & English. Translated by Fathers of the English Dominican Province. Benziger Bros. Edition. 1947. I, q.22 a.1 ad.2. https://isidore.co/aquinas/summa/index.html.
[70]GARRIGOU-LAGRANGE, R. *La Providencia y la confianza en Dios*.

Segunda Edicion. DEDEBEC. Ediciones Desclée de Brouwer. Buenos Aires. 1945. Seite 338.

[71]HELLÍN, JOSE. *Suma de Filosofía Escolástica*. Teodicea. Buch III. Kapitel VI. Artikel II. These 51. Nr. 641. B.A.C. Madrid. 1964.

[72]Vgl. GONZALEZ, ZEFERINO, Cardenal. *Filosofía Elemental. Tomo II*. Segunda Edición. Madrid. 1886. Seite 172.

[73]Vgl. GONZALEZ, ZEFERINO, Cardenal. *Filosofía Elemental. Tomo II*. Segunda Edición. Madrid. 1886. Seiten 172-173.

[74]Vgl. VON AQUIN, THOMAS. *Suma Teológica* I, q.25 a.1.

[75]SERTILLANGES, A.D. *Santo Tomás de Aquino. Tomo I*. Ediciones Desclée de Brouwer. Buenos Aires. 1946. Seite 282.

[76]Vgl. VON AQUIN, THOMAS. *Suma Teológica* I, q.25 a.3.

[77]AQUINAS, ST. THOMAS. *The Summa Theologica*. Latin & English. Translated by Fathers of the English Dominican Province. Benziger Bros. Edition. 1947. I, q.25 a.4 Resp. https://isidore.co/aquinas/summa/index.html.

[78]Vgl. VON AQUIN, THOMAS. *Suma Teológica* I, q.26 a.1 Resp.

[79]Vgl. VON AQUIN, THOMAS. *Summa contra Gentiles* Buch I, Kapitel 100.

[80]SERTILLANGES, A.D. *Santo Tomás de Aquino. Tomo I*. Ediciones Desclée de Brouwer. Buenos Aires. 1946. Seite 284.

[81]AQUINAS, ST. THOMAS. *The Summa Theologica*. Latin & English. Translated by Fathers of the English Dominican Province. Benziger Bros. Edition. 1947. I, q.26 a.4 ad.1. https://isidore.co/aquinas/summa/index.html.

[82]Vgl. VON AQUIN, THOMAS. *Suma Teológica* I, q.26 a.2 Resp.

[83]Vgl. VON AQUIN, THOMAS. *Suma Teológica* I, q.26 a.3 Resp.

[84]AQUINAS, ST. THOMAS. *The Summa Theologica*. Latin & English. Translated by Fathers of the English Dominican Province. Benziger Bros. Edition. 1947. I, q.26 a.3 ad.2. https://isidore.co/aquinas/summa/index.html.

[85]Vgl. VON AQUIN, THOMAS. *Suma Teológica* I, q.26 a.4 Resp.

[86]GONZALEZ, ZEFERINO, Cardenal. *Filosofía Elemental. Tomo II*. Segunda Edición. Madrid. 1886. Seite 249.

[87]GONZALEZ, ZEFERINO, Cardenal. *Filosofía Elemental. Tomo II*. Segunda Edición. Madrid. 1886. Seite 264.

[88]GARRIGOU-LAGRANGE, R. *Dios. Su naturaleza*. Ediciones Palabra SA. Madrid. 1977. Seite 38.